上海市工程建设规范

装配整体式混凝土公共建筑设计标准

Standard for design of monolithic precast concrete public buildings

DG/TJ 08—2154—2022

J 12874—2022

主编单位：同济大学

上海建工设计研究总院有限公司

上海市城市建设设计研究总院(集团)有限公司

批准部门：上海市住房和城乡建设管理委员会

施行日期：2023 年 4 月 1 日

同济大学出版社

2024　上海

图书在版编目(CIP)数据

装配整体式混凝土公共建筑设计标准/同济大学，上海建工设计研究总院有限公司，上海市城市建设设计研究总院(集团)有限公司主编. —上海:同济大学出版社，2024.4

ISBN 978-7-5765-0014-1

Ⅰ. ①装… Ⅱ. ①同… ②上… ③上… Ⅲ. ①装配式混凝土结构-公共建筑-建筑设计-设计标准-上海 Ⅳ. ①TU755-65

中国国家版本馆 CIP 数据核字(2023)第 241480 号

装配整体式混凝土公共建筑设计标准

同济大学
上海建工设计研究总院有限公司 **主编**
上海市城市建设设计研究总院(集团)有限公司

责任编辑 朱 勇
责任校对 徐春莲
封面设计 陈益平

出版发行 同济大学出版社 www.tongjipress.com.cn
(地址:上海市四平路 1239 号 邮编:200092 电话:021-65985622)
经 销 全国各地新华书店
印 刷 浦江求真印务有限公司
开 本 889mm×1194mm 1/32
印 张 4.375
字 数 110 000
版 次 2024 年 4 月第 1 版
印 次 2024 年 4 月第 1 次印刷
书 号 ISBN 978-7-5765-0014-1
定 价 50.00 元

上海市住房和城乡建设管理委员会文件

沪建标定〔2022〕652 号

上海市住房和城乡建设管理委员会
关于批准《装配整体式混凝土公共建筑设计标准》
为上海市工程建设规范的通知

各有关单位：

由同济大学、上海建工设计研究总院有限公司、上海市城市建设设计研究总院（集团）有限公司主编的《装配整体式混凝土公共建筑设计标准》，经我委审核，现批准为上海市工程建设规范，统一编号为 DG/TJ 08—2154—2022，自 2023 年 4 月 1 日起实施。原《装配整体式混凝土公共建筑设计规程》（DGJ 08—2154—2014）同时废止。

本标准由上海市住房和城乡建设管理委员会负责管理，同济大学负责解释。

上海市住房和城乡建设管理委员会

2022 年 11 月 16 日

前言

根据上海市住房和城乡建设管理委员会《关于印发〈2018年上海市工程建设规范、建筑标准设计编制计划〉的通知》（沪建标定〔2017〕898号）的要求，由同济大学等单位组成的《装配整体式混凝土公共建筑设计规程》修编组，对上海市工程建设规范《装配整体式混凝土公共建筑设计规程》DGJ 08—2154—2014进行全面修订。修编过程中，修编组经广泛调查，开展专题研究，认真总结工程实践，参考国内外相关标准和规范，并在广泛征求意见的基础上，完成了规程的修订工作。

本标准的主要内容有：总则；术语和符号；基本规定；材料；建筑设计；结构设计基本要求；框架结构设计；剪力墙结构设计；框架-剪力墙结构设计；预制外挂墙板设计。

本标准主要修订内容：①增加了螺栓连接装配整体式混凝土框架、全装配整体式混凝土框架-剪力墙、基于超高性能混凝土(UHPC)连接的装配整体式混凝土框架的设计规定；②增加了新型组合封闭箍筋的技术要求；③补充、修改了设置暗梁形式螺栓连接装配整体式混凝土剪力墙的设计要求；④将原规程更名为标准。

各单位及相关人员在执行本标准过程中，请注意总结经验，积累资料，并将有关意见和建议反馈至上海市住房和城乡建设管理委员会（地址：上海市大沽路100号；邮编：200003；E-mail：shjsbzgl@163.com）、同济大学土木工程学院建筑工程系《装配整体式混凝土公共建筑设计标准》修编组（地址：上海市四平路1239号；邮编：200092；E-mail：xuewc@tongji.edu.cn），上海市建筑建材业市场管理总站（地址：上海市小木桥路683号；邮编：200032；

E-mail：shgcbz@163.com)，以供今后修订时参考。

主编单位：同济大学
上海建工设计研究总院有限公司
上海市城市建设设计研究总院(集团)有限公司

参编单位：上海浦东建筑设计研究院有限公司
上海市建筑科学研究院(集团)有限公司
上海城建物资有限公司
中国建筑第八工程局有限公司
上海市政工程设计研究总院(集团)有限公司
同济大学建筑设计研究院(集团)有限公司
上海城建建设实业(集团)有限公司
上海诚建建筑规划设计有限公司
江苏中南建筑产业集团有限责任公司
芬兰佩克集团-建筑配件(张家港)有限公司
苏州良浦住宅工业有限公司
江苏华江祥瑞现代建筑发展有限公司
筑友智造科技产业集团
中科坤泰科技有限责任公司
江苏恒美德新材料有限公司

主要起草人：薛伟辰　栗　新　郑振鹏　朱邦范　王　琼
朱永明　胡　翔　廖显东　王恒栋　陆　平
李镬宓　施丁平　陈培良　王华炯　李振兴
朱　斌　俞大有　朱卫民　朱　丹　仝　利
雷　杰　夏　康　张　雷　苏瑞佳　褚明晓
刘亚男　徐壮涛　杨新磊　梁　梁

主要审查人：范庆国　车学娅　程之春　郑七振　王平山
吴　杰　孙绪东

上海市建筑建材业市场管理总站

目　次

Contents

1 总　则

1.0.1　为在装配整体式混凝土公共建筑设计中贯彻执行节约资源和保护环境的国家技术经济政策，做到安全适用、技术先进、经济合理、保证质量、方便施工，实现公共建筑的绿色设计，制定本标准。

1.0.2　本标准适用于本市的装配整体式混凝土公共建筑的设计，包括商业、办公、旅馆、学校、医院和养老设施建筑等。

1.0.3　装配整体式混凝土公共建筑的设计除应符合本标准外，尚应符合国家、行业和本市现行相关标准的规定。

2 术语和符号

2.1 术 语

2.1.1 预制混凝土构件 precast concrete component

在工厂或现场预先制作的混凝土构件。简称预制构件。

2.1.2 装配整体式混凝土结构 monolithic precast concrete structure

由预制混凝土构件通过可靠的方式进行连接并与现场后浇混凝土、水泥基灌浆料形成整体的装配式混凝土结构。简称装配整体式结构。

2.1.3 装配整体式混凝土框架结构 monolithic precast concrete frame structure

全部或部分框架梁、柱采用预制构件构建成的混凝土框架结构。简称装配整体式框架结构。

2.1.4 装配整体式预应力混凝土框架结构 monolithic precast prestressed concrete frame structure

全部或部分框架梁采用预应力叠合梁的装配整体式混凝土框架结构。简称装配整体式预应力框架结构。

2.1.5 装配整体式型钢混凝土框架结构 monolithic precast steel reinforced concrete frame structure

全部或部分框架柱和框架梁采用型钢混凝土的装配整体式混凝土框架结构。

2.1.6 装配整体式混凝土剪力墙结构 monolithic precast concrete shear wall structure

全部或部分剪力墙采用预制墙板构建成的装配整体式混凝

土结构。简称装配整体式剪力墙结构。

2.1.7 预应力叠合楼板装配整体式剪力墙结构 monolithic precast concrete shear wall structure with prestressed slab

楼板采用预应力叠合板的装配整体式混凝土剪力墙结构。

2.1.8 装配整体式夹心保温剪力墙结构 monolithic precast concrete sandwich insulation shear wall structure

由内叶混凝土剪力墙、外叶混凝土墙板、夹心保温层和连接件组成的装配整体式混凝土剪力墙结构。简称装配整体式夹心剪力墙结构。

2.1.9 全装配整体式混凝土框架-剪力墙结构 monolithic precast concrete frame-shear wall structure with precast frames and precast shear walls

由装配整体式混凝土框架和装配整体式混凝土剪力墙共同承受竖向和水平作用的结构。简称全装配整体式框架-剪力墙结构。

2.1.10 预制外挂墙板 precast concrete facade panel

安装在主体结构上，起围护、装饰作用的非承重预制混凝土外挂墙板。简称外挂墙板。

2.1.11 预制混凝土夹心保温外挂墙板 precast concrete sandwich facade panel

由内、外叶混凝土墙板、夹心保温层和连接件组成的预制混凝土外挂墙板。简称夹心外挂墙板。

2.1.12 连接件 connector

用于连接装配整体式夹心剪力墙和夹心外墙板中内、外叶混凝土墙板，使内、外叶墙板形成整体的连接器。连接件材料宜采用纤维增强复合材料或不锈钢。

2.1.13 钢筋套筒灌浆连接 rebar splicing by grout-filled coupling sleeve

在预制混凝土构件内预埋的金属套筒中插入钢筋并灌注水泥基灌浆料而实现的钢筋连接方式。

2.1.14 金属波纹管浆锚搭接连接 rebar lapping in grout-filled hole formed with metal bellow

在预制混凝土剪力墙中预埋金属波纹管形成孔道，在孔道中插入需搭接的钢筋，并灌注水泥基灌浆料而实现的钢筋搭接连接方式。

2.1.15 螺栓连接 bolted connection

在预制混凝土构件中预埋螺栓连接器或设置暗梁、暗墩等简化构造形式，在螺栓连接器或暗梁、暗墩的孔道中插入需连接的、顶端带螺纹钢筋，通过紧固螺帽并灌注水泥基灌浆料而实现的钢筋连接方式。

2.1.16 基于超高性能混凝土搭接连接 rebar lapping in UHPC

通过在钢筋搭接的区域浇筑超高性能混凝土（ultra-high performance concrete）而实现的钢筋搭接连接方式。简称基于UHPC搭接连接。

2.1.17 管线分离 pipe & wire detached from structure system

将设备与管线设置在结构系统之外的方式。

2.1.18 装配式装修 assembled decoration

采用干式工法，将工厂生产的内装部品在现场进行组合安装的装修方式。

2.1.19 集成设计 integrated design

建筑结构系统、外围护系统、设备与管线系统、内装系统一体化的设计。

2.1.20 部件 component

在工厂或现场预先生产制作完成，构成建筑结构系统的结构构件及其他构件的统称。

2.1.21 部品 parts

由工厂生产，构成外围护系统、设备与管线系统、内装系统的建筑单一产品或复合产品组装而成的功能单元的统称。

2.1.22 模块 modular

建筑中相对独立、具有特定功能、能够通用互换的单元。

2.2 符 号

2.2.1 材料性能

f_c——混凝土轴心抗压强度设计值；

f_s——型钢抗拉强度设计值；

f_y，f'_y——普通钢筋的抗拉、抗压强度设计值。

2.2.2 作用、作用效应及承载力

F_{Ehk}——施加于外墙重心处的水平地震作用标准值；

G_k——外墙重力荷载标准值；

N——轴向力设计值；

N_{p0}——计算截面上混凝土法向预应力等于零时的预加力；

S——基本组合的效应设计值；

S_{Eh}——水平地震作用组合的效应设计值；

S_{Ev}——竖向地震作用组合的效应设计值；

S_{Gk}——永久荷载的效应标准值；

S_{wk}——风荷载的效应标准值；

S_{Ehk}——水平地震作用组合的效应标准值；

S_{Evk}——竖向地震作用组合的效应标准值；

γ_G——永久荷载分项系数；

γ_w——风荷载分项系数；

γ_{Eh}——水平地震作用分项系数；

γ_{Ev}——竖向地震作用分项系数；

V——剪力设计值；

V_{jd}——持久设计状况下接缝剪力设计值；

V_{jdE}——地震设计状态下接缝剪力设计值；

V_u——持久设计状况下梁端、柱端、剪力墙底部接缝受剪承载力设计值；

V_{uE}——地震设计状况下梁端、柱端、剪力墙底部接缝受剪

承载力设计值；

V_{mua}——被连接构件端部按实配钢筋面积计算的斜截面受剪承载力设计值。

2.2.3 几何参数

M——基本模数，模数协调中的基本尺寸单位，1 M 等于 100 mm；

B——建筑平面宽度；

L——建筑平面长度；预制预应力空心板的计算跨度；

b——矩形截面宽度，T 形、I 形截面的腹板宽度；

h——层高；截面高度；

h_0——截面有效高度；

h_w——型钢腹板高度；

l_a——非抗震设计时纵向受拉钢筋的最小锚固长度；

l_{ab}——受拉钢筋的基本锚固长度；

l_{abE}——抗震设计时纵向受拉钢筋的基本锚固长度；

l_{aE}——抗震设计时纵向受拉钢筋的最小锚固长度；

t_w——型钢腹板厚度；

A_{c1}——叠合梁端截面后浇混凝土叠合层截面面积；

A_{sd}——垂直穿过结合面的钢筋面积。

2.2.4 计算系数及其他

α_{max}——水平地震影响系数最大值；

β_E——动力放大系数；

γ_{RE}——承载力抗震调整系数；

γ_0——结构重要性系数；

η_j——接缝受剪承载力增大系数；

λ——预制柱剪跨比；

Ψ_w——风荷载组合系数；

Δu——楼层层间最大位移。

3 基本规定

3.0.1 在装配整体式混凝土公共建筑方案设计阶段，应协调建设、设计、施工、制备各方之间的关系，并应加强建筑、结构、设备、装修等各专业之间的配合。

3.0.2 装配整体式混凝土公共建筑设计应按照通用化、模数化、标准化的要求，以少规格、多组合的原则，实现建筑及部品部件的系列化和多样化。

3.0.3 装配整体式混凝土结构的设计除应符合现行国家、行业和本市相关标准的基本要求外，尚应符合下列规定：

1 应采取有效措施加强结构的整体性。

2 装配整体式结构的节点和接缝应受力明确、构造可靠，并应满足承载力、延性和耐久性等要求。

3 应根据连接节点和接缝的构造方式和性能，确定结构的整体计算模型。

3.0.4 装配整体式混凝土公共建筑应进行深化设计。预制构件深化设计的深度应满足建筑、结构和设备等各专业以及构件制备、运输、施工等各环节的综合要求。

3.0.5 部品部件的工厂化生产应建立完善的生产质量管理体系，设置产品标识，提高生产精度，保障产品质量。

3.0.6 装配式混凝土公共建筑宜采用建筑信息模型（BIM）技术，实现全专业、全过程的信息化管理。

4 材 料

4.1 混凝土、钢筋和钢材

4.1.1 预制构件的混凝土力学性能指标和耐久性要求等应符合现行国家标准《混凝土结构设计规范》GB 50010 的规定。混凝土用砂的氯离子含量应符合本市相关文件要求。

4.1.2 预制构件的混凝土强度等级不宜低于 C30；预应力混凝土预制构件的混凝土强度等级不宜低于 C40，且不应低于 C30；现浇混凝土的强度等级不应低于 C30。

4.1.3 当采用强度等级不低于 C60 的混凝土时，其性能应满足现行行业标准《高强混凝土应用技术规程》JGJ/T 281 的要求。

4.1.4 钢筋的选用应符合下列规定：

1 普通钢筋宜采用 HRB400、HRB500、HRB600、HRB400E、HRB500E、HRB600E 等热轧带肋钢筋，钢筋性能指标应符合现行国家标准《钢筋混凝土用钢　第 2 部分：热轧带肋钢筋》GB/T 1499.2 的规定。

2 预应力钢筋宜采用预应力钢丝、钢绞线和预应力螺纹钢筋，钢筋性能指标应符合现行国家标准《混凝土结构设计规范》GB 50010 的规定。

4.1.5 钢筋焊接网应符合现行国家标准《钢筋混凝土用钢　第 3 部分：钢筋焊接网》GB/T 1499.3 和行业标准《钢筋焊接网混凝土结构技术规程》JGJ 114 的规定。

4.1.6 预制构件的吊环应采用未经冷加工的 HPB300 级钢筋或 Q235B 圆钢制作。吊装用内埋式螺母或吊杆的材料应符合现行国家相关标准及产品应用技术文件的规定。

4.1.7 钢材的力学性能指标和耐久性要求等应符合现行国家标准《钢结构设计规范》GB 50017 的规定。

4.2 连接材料

4.2.1 钢筋套筒灌浆连接应符合现行行业标准《钢筋套筒灌浆连接应用技术规程》JGJ 355 的规定。

4.2.2 钢筋套筒灌浆连接接头采用的套筒应符合现行行业标准《钢筋连接用灌浆套筒》JG/T 398 的规定。

4.2.3 钢筋套筒灌浆连接接头采用的灌浆料应符合现行行业标准《钢筋连接用套筒灌浆料》JG/T 408 的规定。

4.2.4 钢筋浆锚搭接连接接头应采用水泥基灌浆料，灌浆料的物理、力学性能应满足表 4.2.4 的要求。

表 4.2.4 钢筋浆锚搭接连接接头灌浆料性能要求

<table>
<tr><th colspan="2" rowspan="2">项目</th><th>性能指标</th><th rowspan="2">试验方法</th></tr>
<tr><th>钢筋浆锚搭接连接</th></tr>
<tr><td colspan="2">泌水率(%)</td><td>0</td><td>GB/T 50080</td></tr>
<tr><td rowspan="2">流动度(mm)</td><td>初始值</td><td>≥200</td><td rowspan="2">GB/T 50448</td></tr>
<tr><td>30 min 保留值</td><td>≥150</td></tr>
<tr><td rowspan="2">竖向膨胀率(%)</td><td>3 h</td><td>≥0.02</td><td rowspan="2">GB/T 50448</td></tr>
<tr><td>24 h 与 3 h 的膨胀率之差</td><td>0.02～0.5</td></tr>
<tr><td rowspan="3">抗压强度(MPa)</td><td>1 d</td><td>≥20</td><td rowspan="3">GB/T 50448</td></tr>
<tr><td>3 d</td><td>≥40</td></tr>
<tr><td>28 d</td><td>≥60</td></tr>
<tr><td colspan="2">氯离子含量(%)</td><td>≤0.06</td><td>GB/T 176</td></tr>
</table>

4.2.5 螺栓连接构造中采用的螺栓连接器应为专用定型成品，产品性能应满足设计要求。

4.2.6 螺栓连接中采用的灌浆料应根据不同构造分别符合以下规定：

1 框架结构中采用连接器连接时，应在螺栓连接区域采用UHPC灌浆，UHPC的原材料、配合比设计、制备、养护等应符合现行国家和行业标准的规定。

2 剪力墙结构中采用螺栓连接以及框架结构中采用简化螺栓连接形式时，应在螺栓连接区域采用钢筋套筒灌浆料灌浆，灌浆料应符合现行行业标准《钢筋连接用套筒灌浆料》JG/T 408的规定。

4.2.7 钢筋机械连接应符合现行行业标准《钢筋机械连接技术规程》JGJ 107的规定。钢筋机械连接接头采用的套筒应符合现行行业标准《钢筋机械连接用套筒》JG/T 163的规定。

4.2.8 预制构件采用HRB600和HRB600E钢筋时，钢筋套筒灌浆连接接头或钢筋机械连接接头构造要求应通过专门试验确定。

4.2.9 钢筋锚固板材料应符合现行行业标准《钢筋锚固板应用技术规程》JGJ 256的规定。

4.2.10 预埋件的锚板及锚筋材料应符合现行国家标准《混凝土结构设计规范》GB 50010的相关规定。专用预埋件及连接件材料应符合现行国家和行业标准的有关规定。

4.2.11 连接用焊接材料，螺栓、锚栓和铆钉等紧固件的材料应符合现行国家标准《钢结构设计规范》GB 50017、《钢结构焊接规范》GB 50661和现行行业标准《钢筋焊接及验收规程》JGJ 18等的规定。

4.2.12 钢筋金属波纹管浆锚搭接连接采用的金属波纹管应符合现行行业标准《预应力混凝土用金属波纹管》JG 225的相关规定。金属波纹管宜采用软钢带制作，性能应符合现行国家标准《碳素结构钢冷轧钢带》GB 716的规定；当采用镀锌钢带时，其双面镀锌层重量不宜小于60 g/m^2，性能应符合现行国家标准《连续热镀锌和锌合金镀层钢板及钢带》GB/T 2518的规定。

4.2.13 装配整体式夹心保温剪力墙板和夹心保温外挂墙板中内外叶墙板间的连接件宜采用纤维增强复合材料筋(FRP)连接件或不锈钢连接件。其中,纤维增强复合材料筋连接件材料性能应符合现行行业标准《预制保温墙体用纤维增强塑料连接件》JG/T 561 的相关规定;不锈钢连接件材料性能应符合现行上海市工程建设规范《预制混凝土夹心保温外墙板应用技术标准》DG/T J 08—2158 的相关规定。当有可靠依据时,也可采用其他材料连接件。

4.3 保温、防水材料

4.3.1 外墙保温系统所用的保温材料应符合现行国家、行业和本市相关标准的规定。

4.3.2 外墙板接缝所用的防水密封胶应选用变形能力不低于25%的低模量耐候性建筑密封胶,密封胶应与混凝土具有良好的相容性和抗污性。其最大变形量、剪切变形性能等均应满足设计要求。其他性能应满足现行国家和行业标准的规定。

4.3.3 外墙板接缝处的密封止水条宜采用三元乙丙橡胶、氯丁橡胶或硅橡胶等高分子材料,技术要求应满足现行国家标准《高分子防水材料　第 2 部分:止水带》GB 18173.2 中 J 型的规定,直径宜为 20 mm～30 mm。

4.3.4 外墙板接缝处密封胶的背衬材料宜选用发泡闭孔聚乙烯塑料棒或发泡氯丁橡胶,直径应不小于缝宽的 1.5 倍,密度宜为 24 kg/m^3～48 kg/m^3。

4.4 其他材料

4.4.1 装配整体式混凝土公共建筑采用的室内装修材料应符合现行国家标准《民用建筑工程室内环境污染控制标准》GB 50325 和《建筑内部装修设计防火规范》GB 50222 的相关规定。

4.4.2 石材和面砖等饰面材料应有质量保证书和型式检验报告，质量应符合现行相关标准的规定。

4.4.3 当石材和面砖等饰面采用反打一次成型工艺时，石材和面砖等饰面材料应满足反打工艺对材质、尺寸等方面的要求。

4.4.4 门窗应符合设计要求，并应有质量保证书和型式检验报告，质量应符合现行相关标准的规定。

4.4.5 建筑幕墙所选用的材料除应符合现行国家、行业和本市相关标准的规定外，尚应符合下列规定：

1 幕墙材料应满足结构安全性、耐久性、环境保护等要求。

2 建筑幕墙应采用耐火极限满足设计要求的材料，并符合消防规定。

3 建筑幕墙在燃烧或高温环境下不应产生有毒有害气体。

5 建筑设计

5.1 一般规定

5.1.1 装配整体式混凝土公共建筑应采用结构系统、外围护系统、内装系统、设备与管线系统的装配化集成技术，并进行协同设计，宜采用主体结构与设备管线分离的技术体系。

5.1.2 建筑设计在标准化设计的同时，应结合总体布局和立面色彩、细部处理等方面丰富建筑造型及空间。

5.2 建筑模数

5.2.1 建筑设计应符合现行国家标准《建筑模数协调标准》GB/T 50002 的规定。设计应按照建筑模数制的要求，采用基本模数或扩大模数的设计方法实现尺寸协调。

5.2.2 模数数列应根据装配整体式混凝土公共建筑的功能与经济性原则确定，并应符合下列规定：

1 建筑物的开间与柱距、进深与跨度、门窗洞口宽度等宜采用水平扩大模数数列 $3n$M（n 为自然数），可采用 $2n$M。

2 建筑物的层高和门窗洞口高度等模数增量宜为 nM。

3 梁、柱、墙等部件的截面尺寸模数增量宜为 nM，可为 nM/2。

4 构造节点和部品部件的接口尺寸等模数增量宜为 nM/10、nM/5、nM/2。

5.2.3 装配式混凝土公共建筑的开间、进深、层高、洞口等优先尺寸应根据建筑类型、使用功能、部品部件生产与装配要求等确定。

5.2.4 装配式混凝土公共建筑的定位宜采用中心定位法与界面定位法相结合的方法。对于部件的水平定位宜采用中心定位法，部件的竖向定位和部品的定位宜采用界面定位法。

5.2.5 部品部件在制作与安装过程中，尺寸配合应充分考虑部品部件的制作和安装公差。

5.3 平面、立面设计

5.3.1 装配整体式混凝土公共建筑平面设计应遵循标准化设计、多样化组合原则，并应满足下列规定：

1 根据建筑性质、空间使用功能、工艺要求、部品部件安装要求等合理确定建筑空间尺寸与建筑基本功能单元。

2 采用大开间大进深、空间灵活可变的布置方式。

3 平面应规整，合理控制楼栋的体形。

4 基本功能单元、公共楼梯、电梯、卫生间、管井等应优先采用标准化模块进行组合设计。

5.3.2 装配整体式混凝土公共建筑立面设计应遵循标准化设计原则，并应满足下列规定：

1 立面设计应体现建筑特性且形体简洁，应充分利用立面的色彩、光影、质感、纹理搭配等要素。

2 宜选用装饰混凝土、清水混凝土、涂料、面砖、石材等具有耐久性和耐候性的建筑材料。采用反打一次成型的外墙饰面材料时，其规格尺寸、材质类别、连接构造等应进行工艺试验验证。

3 外装饰构件、阳台板、空调板、外窗、遮阳设施等应采用标准化部品进行多样化组合。

4 应以平面模数网格定位尺寸与模数层高为基础，根据选择的外围护系统的要求，合理设计立面分格。

5 建筑立面采用幕墙时，宜采用单元式幕墙系统。

5.4 结构系统

5.4.1 装配整体式混凝土公共建筑预制构配件的连接位置宜设置在结构受力较小的部位，其尺寸和形状应符合下列规定：

1 应满足建筑使用功能、模数、标准化要求，并应进行优化设计。

2 应根据预制构配件的功能和安装部位、加工制作及施工精度等要求，确定合理的公差。

3 应满足制作、运输、堆放、安装及质量控制要求。

5.4.2 应根据建筑功能及工程设计特点选择叠合楼板或现浇楼板，并宜符合下列要求：

1 可采用叠合楼板。

2 建筑内有防水、防潮要求的部位以及结构平面复杂、开大洞、管线预埋较多的部位宜采用现浇楼板。

3 大开间、大进深的空间宜采用预制预应力楼板或预制预应力空心楼板。

5.5 外围护系统

5.5.1 外墙系统应根据不同的建筑类型及结构形式选择适宜的系统类型，可选用预制外墙、现场组装骨架外墙、建筑幕墙等类型。

5.5.2 预制外墙板通常分为整间板体系和条板体系，根据设计要求也可采用非矩形板型或非平面构件，构件接缝位置和形式应与建筑立面协调统一。

5.5.3 预制外墙板接缝构造设计应同时满足结构安全、建筑节能保温、外墙防排水、跨防火分区防火、不同使用空间之间隔音及建筑装饰等要求。

5.5.4 预制外墙板的接缝及门窗洞口处应作防排水处理，应根据预制外墙板不同部位接缝的特点及使用环境、使用年限等要求选用构造防排水、材料防水或构造和材料相结合的防排水系统，并应符合下列规定：

1 预制外墙板接缝采用构造防排水时，水平缝宜采用企口缝或高低缝。竖缝宜采用双直槽空腔防水，与水平面夹角小于30°的斜缝宜按水平缝处理，其余斜缝应按竖缝处理。

2 预制外墙板接缝所用材料的防水性能应符合本标准第4.3节的要求。

3 当采用构造防排水或构造与材料相结合的防排水系统时，预制外墙板十字缝部位每隔2层～3层应设置导水管作引水处理，板缝内侧应增设气密条密封构造。当竖缝下方因门窗等开口部位被隔断时，应在开口部位上部竖缝处设置导水管。

5.5.5 与主体结构柔性连接的连廊，其接缝缝宽不宜小于50 mm，并应采用有效措施保证接缝处防水，防水范围应包括连廊顶面及侧面，露天环境下尚应在止水带端部设置滴水构件。

5.5.6 预制外墙板变形缝缝宽按设计确定，应采用柔性防水材料进行缝内口部封堵。

5.5.7 建筑预制外围护构件表面不宜装设管线配件。如需装设时，应在预制外围护构件上预留埋件。

5.5.8 预制外墙板的防火设计应满足现行国家标准《建筑设计防火规范》GB 50016对建筑外墙的要求，并应符合下列规定：

1 预制外墙板与各层楼板、防火墙相交部位应设置防火封堵。

2 预制外墙板接缝及墙板与相邻构件之间的接缝跨越防火分区时，室内一侧的接缝应采用防火封堵材料进行密封，水平缝的连续密封长度不应小于2.0 m，竖直缝的连续密封长度不应小于1.2 m，当室内设置自动喷水灭火系统时不应小于0.8 m。

3 进行易燃、易爆以及其他危险品存储、生产或加工的房间，预制外墙板接缝在内外侧均应采用防火封堵材料封堵。

5.5.9 预制外墙中的外门窗宜采用企口或预埋件等方式固定，外门窗可采用预装法或后装法设计，并满足下列要求：

1 采用预装法时，外门窗框应在工厂与预制外墙整体成型。

2 采用后装法时，应采用预留副框或预埋件等方法与墙体可靠连接。

5.5.10 当屋面采用预制女儿墙板时，宜采用与下部墙板相同的分块方式和构造节点，在其顶部应设置预制混凝土翻口（盖板）或金属盖板，并宜设置现浇叠合内衬墙，与现浇屋面楼板形成整体式的防水构造。

5.5.11 平屋面系统排水坡度不应小于2%，应采用耐候性好、适应变形能力强的防水材料。预制混凝土屋面板板面应采用40 mm厚C20细石混凝土作找平层，并宜在细石混凝土内加钢筋网片。

5.5.12 装配整体式混凝土公共建筑外墙宜采用集成保温功能的预制外墙体系，冬季外墙热桥部位的内表面温度不应低于室内空气露点温度。

5.5.13 预制外墙的节能设计应按上海地区的气候条件和建筑围护结构热工设计要求确定，并应符合下列规定：

1 当采用预制夹心保温外墙时，保温层厚度应通过热工计算确定，保温材料的热工计算参数应符合现行上海市工程建设规范《预制混凝土夹心保温外墙板应用技术标准》DG/TJ 08—2158的要求。

2 宜采用轻质高效的保温材料。穿过保温层的连接件，应采取与结构耐久性相当的防腐蚀措施。

3 预制外墙板有产生结露倾向的部位，应采取提高保温材料性能或在板内设置排除湿气的孔槽等措施。

5.5.14 集成保温功能的预制混凝土外墙板与相邻构件（梁、板、柱）连接处，应保持保温材料的连续性和密闭性。

5.5.15 外门窗的气密性等级应符合现行国家标准《建筑外门窗气密、水密、抗风压性能检测方法》GB/T 7106 的规定；玻璃幕墙的气密性等级应符合现行国家标准《建筑幕墙》GB/T 21086 和现行上海市工程建设规范《建筑幕墙工程技术标准》DG/TJ 08—56 的规定。带有门窗的预制外墙，其门窗洞口与门窗框间的气密性不应低于门窗的气密性。

5.6 内装系统

5.6.1 装配整体式混凝土公共建筑内装与主体建筑应一体化设计，内装以及水、电、暖等设备与管线设计宜定型定位，并应与预制构件设计相协调。

5.6.2 内装设计应遵循模数协调的原则，应建立统一的内装系统模数网格与结构系统、外围护系统、设备与管线系统协调。

5.6.3 应在建筑设计阶段对内装系统的隔墙、吊顶、楼地面、墙面、集成式厨房、集成式卫生间、内门窗等进行部品设计选型。

5.6.4 内装隔墙材料选型，应符合下列规定：

1 宜选用易于安装、拆卸且隔声性能良好的轻质内隔墙材料灵活分隔室内空间。

2 内隔墙板的面层材料宜与隔墙板形成整体。

3 用于潮湿房间的内隔墙板面层材料应防水、易清洗。

5.6.5 内装部品、室内设备管线应与预制构件的深化设计紧密配合，预留位置应准确，接口设计应标准化。

5.6.6 内装部品、设备管线与主体结构的连接应符合下列规定：

1 在设计阶段宜明确主体结构的开洞尺寸及准确定位。

2 宜采用预留埋件的安装方式，当采用其他安装固定方式时，不应影响预制构件的完整性与结构安全。

5.6.7 内装部品应与室内设备管线进行集成设计，并应满足干式工法的要求。

5.7 建筑设备与管线

5.7.1 装配整体式混凝土公共建筑的设备与管线宜与主体结构相分离，应方便维修更换，且不影响主体结构安全。

5.7.2 设备及其管线和预留孔洞（管道井）设计应做到构配件标准化、系列化和模块化，满足装配整体式混凝土公共建筑通用性和互换性要求。

5.7.3 建筑设备与管线设计应与建筑设计同步进行，预留预埋应满足结构专业相关要求，不宜在安装完成后的预制构件上剔凿沟槽、打孔开洞等。

5.7.4 装配整体式混凝土公共建筑应做好建筑设备管线综合设计，并应符合下列规定：

1 设备管线应减少平面交叉，竖向管线宜集中布置，并应满足维修更换的要求。

2 设备管线宜设置在管线架空层或吊顶空间中，各种管线宜同层敷设。

3 当条件受限管线必须暗埋时，宜结合叠合楼板现浇层以及建筑垫层进行设计。

4 当条件受限管线必须穿越时，预制构件内可预留套管或孔洞，但预留的位置不应影响结构安全。

5 建筑部品与配管连接、配管与主管道连接及部品间连接应采用标准化接口，且应方便安装使用维护。

5.7.5 给水系统设计应符合下列规定：

1 给水系统配水管道与部品的接口形式及位置应便于检修更换，并应采取措施避免结构或温度变形对给水管道接口产生影响。

2 给水分水器与用水器具的管道接口应一对一连接，在架空层或吊顶内敷设时，中间不得有连接配件，分水器设置应便于检修，并宜有排水措施。

3 宜采用装配式的管线及其配件连接。

4 敷设在吊顶或楼地面架空层的给水管道应采取防腐蚀、隔声减震和防结露等措施。

5.7.6 排水系统宜采用同层排水技术，同层排水管道敷设在架空层时，宜设积水排除措施。

5.7.7 电气和智能化设备与管线设置及安装应符合下列规定：

1 电气和智能化系统的竖向主干线应在公共区域的电气竖井内设置；功能单元内终端线路较多时，宜考虑采用桥架或线槽敷设，较少时可考虑统一预埋在预制板内或装饰墙面内，墙板内竖向电气管线布置应保持安全间距，不同功能单元的管线应户界分明。

2 凡在预制墙体上设置的终端配电箱、开关、插座及其必要的接线盒、连接管等均应进行预留预埋，并应采取有效措施，满足隔声及防火要求，不宜在房间围护结构安装后凿剔沟、槽、孔、洞。

3 消防线路预埋暗敷在预制墙体上时，应采用穿导管保护，并应预埋在不燃烧体的结构内，其保护层厚度不应小于 30 mm。

4 沿叠合楼板现浇层暗敷的照明管路，应在预制楼板灯位处预埋深型接线盒。

5 沿叠合楼板、预制墙体预埋的电气灯头盒、接线盒及其管路与现浇相应电气管路连接时，墙面预埋盒下（上）宜预留接线空间，便于施工接管操作。

5.7.8 防雷设计应符合现行国家标准《建筑物防雷设计规范》GB 50057 和《民用建筑电气设计标准》GB 51348 的规定，并应符合下列规定：

1 防雷引下线宜利用现浇立柱或剪力墙内的钢筋或采取其他可靠的措施，应避免直接利用预制构件内的竖向钢筋。

2 建筑外墙上的栏杆、门窗等较大的金属物需要与防雷装置连接时，相关的预制构件内部与连接处的金属件应考虑电气回路连接或考虑不利用预制构件连接的其他方式。

5.7.9 供暖、通风和空调设计应符合下列规定：

1 供暖、通风和空调等设备均应选用能效比高的节能型产品，以降低能耗。

2 当墙板或楼板上安装供暖与空调设备时，其连接处应采取加强措施。

3 暖通空调、防排烟设备及管线系统应协同设计，并应可靠连接。

6 结构设计基本要求

6.1 一般规定

6.1.1 装配整体式框架结构、装配整体式剪力墙结构、装配整体式框架-现浇剪力墙(核心筒)结构、全装配整体式框架-剪力墙结构、装配整体式部分框支剪力墙结构公共建筑的最大适用高度应符合表6.1.1的规定,并应符合下列规定:

1 当结构中竖向构件全部为现浇且楼盖采用叠合梁板时,最大适用高度可按现行行业标准《高层建筑混凝土结构技术规程》JGJ 3中的规定采用。

2 装配整体式剪力墙结构、全装配整体式框架-剪力墙结构和装配整体式部分框支剪力墙结构,在规定的水平力作用下,当预制剪力墙构件底部承担的总剪力大于该层总剪力的50%时,最大适用高度应适当降低。

表6.1.1 装配整体式公共建筑的最大适用高度(m)

结构体系	最大适用高度	
	7度	8度
装配整体式框架结构	50	40
装配整体式框架-现浇剪力墙结构	120	100
装配整体式框架-现浇核心筒结构	130	100
装配整体式剪力墙结构	100	80
全装配整体式框架-剪力墙结构	110	90
装配整体式部分框支剪力墙结构	80	70

注:房屋高度指室外地面到主要屋面板板顶的高度,不包括局部突出屋顶部分。

6.1.2 装配整体式结构的高宽比不宜超过表 6.1.2 的规定。

表 6.1.2 装配整体式结构适用的最大高宽比

结构体系	最大高宽比	
	7 度	8 度
装配整体式框架结构	4	3
装配整体式框架-现浇剪力墙结构	6	5
装配整体式框架-现浇核心筒结构	7	6
装配整体式剪力墙结构	6	5
全装配整体式框架-剪力墙结构	6	5

6.1.3 装配整体式结构构件的抗震设计，应根据抗震设防类别、结构类型和建筑高度采用不同的抗震等级，并应符合相应的计算和构造措施要求。丙类装配整体式结构的抗震等级应按表 6.1.3 确定。

表 6.1.3 丙类装配整体式结构的抗震等级

结构类型		抗震等级					
		7 度			8 度		
装配整体式框架结构	高度(m)	≤24	＞24		≤24	＞24	
	框架	三	二		二	一	
	大跨度框架	二			一		
装配整体式框架-现浇剪力墙结构	高度(m)	≤24	＞24 且 ≤60	＞60	≤24	＞24 且 ≤60	＞60
	框架	四	三	二	三	二	一
	剪力墙	三	二	二	二	一	一
装配整体式剪力墙结构	高度(m)	≤24	＞24 且 ≤70	＞70	≤24	＞24 且 ≤70	＞70
	剪力墙	四	三	二	三	二	一
装配整体式框架-现浇核心筒结构	框架	二			一		
	核心筒	二			一		

续表6.1.3

结构类型		抗震等级					
		7 度			8 度		
全装配整体式框架-剪力墙结构	高度(m)	≤24	>24 且≤60	>60	≤24	>24 且≤60	>60
	框架	四	三	二	三	二	一
	剪力墙	三	二	二	二	一	一
装配整体式部分框支剪力墙结构	高度	≤24	>24 且≤70	>70	≤24	>24 且≤70	
	现浇框支框架	二	二	一	一	一	
	底部加强部位剪力墙	三	二	一	二	一	
	其他区域剪力墙	四	三	二	三	二	

注:大跨度框架指跨度不小于 18 m 的框架。

6.1.4 乙类装配整体式公共建筑应按本地区抗震设防烈度提高一度的要求加强其抗震措施。

6.1.5 装配整体式结构的平面布置宜符合下列要求:

1 平面形状宜简单、规则、对称,质量、刚度分布宜均匀,不应采用严重不规则的平面布置。

2 平面长度不宜过长(图 6.1.5),长宽比(L/B)宜按表 6.1.5 采用。

3 平面突出部分的长度不宜过大、宽度 b 不宜过小(图 6.1.5),l/B_{max}、l/b 按表 6.1.5 采用。

4 平面不宜采用角部重叠或细腰形平面布置。

表 6.1.5 平面尺寸及突出部位尺寸的比值限值

抗震设防烈度	L/B	l/B'_{max}	l/b
6 度、7 度	≤6.0	≤0.35	≤2.0
8 度	≤5.0	≤0.30	≤1.5

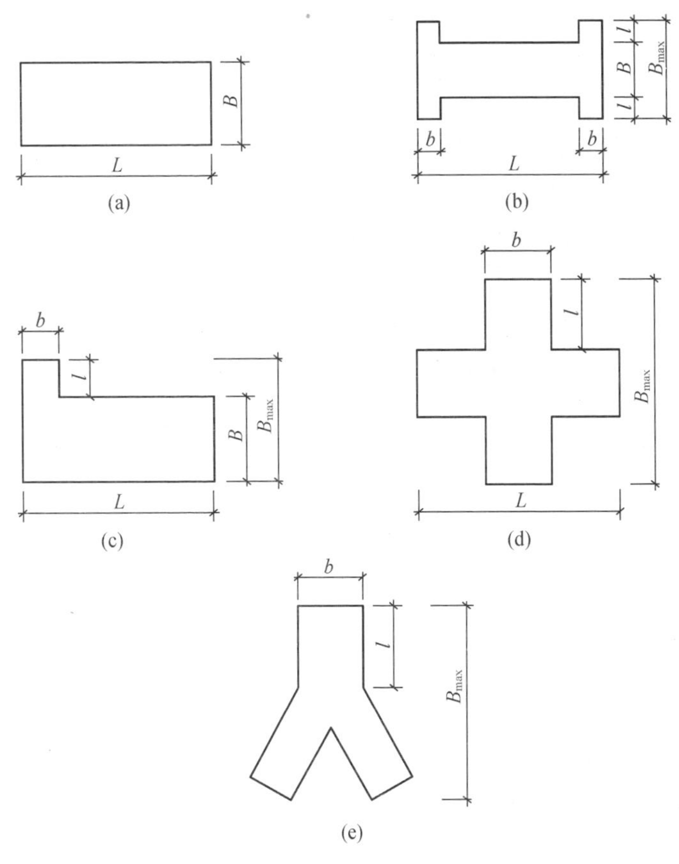

图 6.1.5 建筑平面示例

6.1.6 装配整体式结构竖向布置应规则、连续、均匀，应避免抗侧力结构的侧向刚度和承载力沿竖向突变，并应符合现行国家标准《建筑抗震设计规范》GB 50011 的相关规定。

6.1.7 高层装配整体式结构的高度、规则性、结构类型等超过本标准的规定或者抗震设防标准有特殊要求时，可按现行行业标准《高层建筑混凝土结构技术规程》JGJ 3 的相关规定进行结构抗震性能设计。

6.1.8 高层装配整体式结构应符合下列规定：

1 当设置地下室时，宜采用现浇混凝土。

2 剪力墙结构、部分框支剪力墙结构和全装配整体式框架-剪力墙结构底部加强部位宜采用现浇混凝土。

3 框架结构的首层柱宜采用现浇混凝土。

4 当底部加强部位的剪力墙、框架结构的首层柱采用预制混凝土时，应采取可靠技术措施。

6.1.9 带转换层的装配整体式结构应符合下列规定：

1 当采用部分框支剪力墙结构时，底部框支层不宜超过2层，且框支层及相邻上一层应采用现浇结构。

2 部分框支剪力墙以外的结构中，转换梁、转换柱宜现浇。

6.1.10 装配整体式结构构件及节点应进行承载能力极限状态及正常使用极限状态设计，并应符合现行国家标准《混凝土结构设计规范》GB 50010、《建筑抗震设计规范》GB 50011 和《混凝土结构工程施工规范》GB 50666 等的相关规定。

6.1.11 构件及节点的承载力抗震调整系数 γ_{RE} 应按表 6.1.11 采用。当仅考虑竖向地震作用组合时，承载力抗震调整系数 γ_{RE} 应取1.0。预埋件锚筋截面计算的承载力抗震调整系数 γ_{RE} 应取为 1.0。

表 6.1.11 构件及节点承载力抗震调整系数 γ_{RE}

<table>
<tr><td rowspan="3">结构构件类别</td><td colspan="5">正截面承载力计算</td><td>斜截面承载力计算</td><td rowspan="3">受冲切承载力计算、接缝受剪承载力计算</td></tr>
<tr><td rowspan="2">受弯构件</td><td colspan="2">偏心受压柱</td><td rowspan="2">偏心受拉构件</td><td rowspan="2">剪力墙</td><td rowspan="2">各类构件及框架节点</td></tr>
<tr><td>轴压比小于0.15</td><td>轴压比不小于0.15</td></tr>
<tr><td>γ_{RE}</td><td>0.75</td><td>0.75</td><td>0.80</td><td>0.85</td><td>0.85</td><td>0.85</td><td>0.85</td></tr>
</table>

6.1.12 当条件具备时，装配整体式混凝土结构宜采用各类消能减震技术，以提高结构的抗震性能。

6.1.13 预制构件节点及接缝处后浇混凝土强度等级不应低于

预制构件的混凝土强度等级;接缝坐浆材料强度等级不应低于预制构件的混凝土强度等级。

6.1.14 预埋件和连接件等外露金属件应按不同环境类别进行封闭或防腐、防锈、防火处理,并应符合耐久性要求。

6.2 作用及作用组合

6.2.1 装配整体式结构上的作用及作用组合应根据现行国家标准《建筑结构荷载规范》GB 50009、《建筑结构可靠性设计统一标准》GB 50068、《建筑抗震设计规范》GB 50011、《混凝土结构工程施工规范》GB 50666 和行业标准《高层建筑混凝土结构技术规程》JGJ 3 等确定。

6.2.2 预制构件在翻转、运输、吊运、安装等短暂设计状况下的施工验算,应将构件自重标准值乘以动力系数后作为等效静力荷载标准值。构件运输、吊运时,动力系数宜取 1.5;构件翻转及安装过程中就位、临时固定时,动力系数可取 1.2。

6.2.3 预制构件在进行脱模验算时,等效静力荷载标准值应取构件自重标准值乘以动力系数与脱模吸附力之和,且不宜小于构件自重标准值的 1.5 倍。动力系数与脱模吸附力应符合下列规定:

1 动力系数不宜小于 1.2。

2 脱模吸附力应根据构件和模具的实际状况取用,且不宜小于 1.5 kN/m^2。

6.3 结构分析

6.3.1 在各种设计状况下,装配整体式结构可采用与现浇混凝土结构相同的方法进行结构分析。当同一层内既有预制又有现浇抗侧力构件时,地震设计状况下宜对现浇抗侧力构件在地震作用下的弯矩和剪力进行适当放大。

6.3.2 装配整体式结构承载能力极限状态及正常使用极限状态的作用效应分析可采用弹性方法。对于重点设防类或结构高于30 m的装配整体式框架结构，应采用弹性时程分析法进行补充计算。节点和接缝的模拟应符合下列规定：

1 当预制构件之间采用后浇带连接且接缝构造及承载力满足本标准中的相应规定时，可按现浇混凝土结构进行模拟。

2 对于本标准中未包含的连接节点及接缝形式，按照实际情况模拟。

6.3.3 按弹性方法计算的风荷载或多遇地震标准值作用下的楼层层间最大位移 Δu 与层高 h 之比的限值宜按表6.3.3采用。

表6.3.3 楼层层间最大位移与层高之比的限值

结构体系		$\Delta u/h$ 限值
装配整体式框架结构		1/550
装配整体式框架-现浇剪力墙结构	其他部位	1/800
	嵌固端上一层	1/2 000
装配整体式框架-现浇核心筒结构	其他部位	1/800
	嵌固端上一层	1/2 000
装配整体式剪力墙结构	其他部位	1/1 000
	嵌固端上一层	1/2 500
全装配整体式框架-剪力墙结构	其他部位	1/800
	嵌固端上一层	1/2 000
装配整体式部分框支剪力墙结构	其他部位	1/1 000
	嵌固端上一层	1/2 500

6.3.4 在结构内力与位移计算时，对现浇楼盖和叠合楼盖，均可假定楼盖在其自身平面内为无限刚性；楼面梁的刚度可计入翼缘作用予以增大；梁刚度增大系数可根据翼缘情况近似取为1.3～2.0。

6.4 预制构件设计

6.4.1 预制构件的设计应符合下列规定：

1 对持久设计状况，应对预制构件进行承载力、变形、裂缝验算。

2 对地震设计状况，应对预制构件进行承载力验算。

3 对制作、运输和堆放、安装等短暂设计状况下的预制构件验算，应符合现行国家标准《混凝土结构工程施工规范》GB 50666 的相关规定。

6.4.2 预制构件中纵向受力钢筋的混凝土保护层厚度大于50 mm时，宜对钢筋的混凝土保护层采取有效的构造措施。

6.5 连接设计

6.5.1 装配整体式结构中，接缝的受剪承载力应符合下列规定：

1 持久设计状况、短暂设计状况

$$\gamma_0 V_{jd} \leqslant V_u \quad (6.5.1\text{-}1)$$

2 地震设计状况

$$V_{jdE} \leqslant V_{uE}/\gamma_{RE} \quad (6.5.1\text{-}2)$$

在梁、柱端部箍筋加密区及剪力墙底部加强部位，尚应符合下式要求：

$$\eta_j V_{mua} \leqslant V_{uE} \quad (6.5.1\text{-}3)$$

式中：γ_0——结构重要性系数，安全等级为一级时不应小于1.1，安全等级为二级时不应小于1.0；

V_{jd}——持久设计状况和短暂设计状况下接缝剪力设计值；

V_{jdE}——地震设计状态下接缝剪力设计值；

V_{u}——持久设计状况下梁端、柱端、剪力墙底部接缝受剪承载力设计值；

V_{uE}——地震设计状况下梁端、柱端、剪力墙底部接缝受剪承载力设计值；

V_{mua}——被连接构件端部按实配钢筋面积计算的斜截面受剪承载力设计值；

η_{j}——接缝受剪承载力增大系数，抗震等级为一、二级时取1.2，抗震等级为三、四级时取1.1。

6.5.2 装配整体式结构中，接缝的正截面承载力应符合现行国家标准《混凝土结构设计规范》GB 50010的规定。

6.5.3 装配式混凝土结构中，节点及接缝处的纵向钢筋连接宜根据接头受力、施工工艺等要求选用套筒灌浆连接、机械连接、金属波纹管浆锚搭接连接、螺栓连接、焊接连接、基于UHPC搭接连接、绑扎搭接连接等连接方式。直径大于20 mm的钢筋不宜采用浆锚搭接连接，直接承受动力荷载的构件纵向钢筋不应采用浆锚搭接连接。当采用套筒灌浆连接时，应符合现行行业标准《钢筋套筒灌浆连接应用技术规程》JGJ 355的规定；当采用机械连接时，应符合现行行业标准《钢筋机械连接技术规程》JGJ 107的规定；当采用焊接连接时，应符合现行行业标准《钢筋焊接及验收规程》JGJ 18的规定。

6.5.4 预制构件与后浇混凝土、灌浆料、坐浆材料的结合面应设置粗糙面、键槽，并应符合下列规定：

1 预制板与后浇混凝土叠合层之间的结合面应设置粗糙面。

2 预制梁与后浇混凝土叠合层之间的结合面应设置粗糙面；预制梁端面宜设置键槽或宜设置粗糙面。键槽的尺寸和数量应按本标准第7.2.2条的规定计算确定。

3 预制剪力墙的顶部和底部与后浇混凝土的结合面应设置

粗糙面；侧面与后浇混凝土结合面应设置粗糙面，也可设置键槽。

4 预制柱的底部应设置键槽或宜设置粗糙面，键槽应均匀布置。柱顶应设置粗糙面。

5 粗糙面的面积不宜小于结合面的80%，预制板的粗糙面凹凸深度不应小于4 mm，预制梁端、预制柱端、预制墙端的粗糙面凹凸深度不应小于6 mm。

6.5.5 预制构件纵向钢筋宜在后浇混凝土节点区直线锚固；当直线锚固长度不足时，可采用弯折、机械锚固方式，并应符合现行国家标准《混凝土结构设计规范》GB 50010 和现行行业标准《钢筋锚固板应用技术规程》JGJ 256 的规定。

6.5.6 预制楼梯与支承构件之间宜采用一端固定铰支座，另一端滑动铰支座的连接方式，并应采取防止滑落的构造措施。当梯段间剪力墙为建筑外墙时，宜采用现浇，若采用预制，要求楼梯平台板和楼梯梁采用现浇结构，平台板厚度不应小于100 mm。

6.6 楼盖设计

6.6.1 装配整体式结构的楼盖宜采用叠合楼盖。结构转换层、平面复杂或开洞较大的楼层、作为上部结构嵌固部位的地下室楼层宜采用现浇楼盖。

6.6.2 叠合板应按现行国家标准《混凝土结构设计规范》GB 50010、《装配式混凝土建筑设计标准》GB/T 51231 和现行行业标准《装配式混凝土结构设计规程》JGJ 1 进行设计，并应符合下列规定：

1 叠合板的预制板厚度不宜小于60 mm，后浇混凝土叠合层厚度不应小于60 mm。

2 当跨度较大时，预制板宜采用预应力混凝土预制板。

3 板厚大于180 mm 的叠合板，预制板宜采用预应力混凝土空心板。

4 当预制板采用空心板时，板端空腔应封堵。

5 当预制板采用预应力空心板时，应采用符合现行国家标准《预应力混凝土用钢绞线》GB/T 5224规定的低松弛钢绞线，且预应力空心板之间应能相互咬合、变形协调。

7 框架结构设计

7.1 一般规定

7.1.1 本章适用于装配整体式钢筋混凝土框架结构、装配整体式预应力混凝土框架结构和装配整体式型钢混凝土框架结构三类装配整体式框架结构的设计。

7.1.2 除本标准另有规定外，装配整体式框架-现浇剪力墙（核心筒）结构、全装配整体式框架-剪力墙结构的框架应符合本章的规定。

7.1.3 除本标准规定外，装配整体式框架结构可按现浇混凝土框架结构进行计算。

7.1.4 装配整体式框架中的预制柱的纵向钢筋连接应符合下列规定：

1 当房屋高度不大于 12 m 或层数不超过 3 层时，预制柱的纵向钢筋可采用套筒灌浆连接、螺栓连接、焊接连接、机械连接、基于 UHPC 搭接连接等连接方式。

2 当房屋高度大于 12 m 或层数超过 3 层时，预制柱的纵向钢筋宜采用套筒灌浆连接、螺栓连接、机械连接、基于 UHPC 搭接连接等连接方式。

7.1.5 在多遇地震作用下，装配整体式框架结构中预制柱水平接缝处不宜出现全截面受拉。

7.2 承载力计算

7.2.1 对于一、二、三级抗震等级的装配整体式框架，应进行节点核心区抗震受剪承载力验算，对四级抗震等级可不进行验算。梁柱节点核心区受剪承载力抗震验算和构造应符合现行国家标准《混凝土结构设计规范》GB 50010、《建筑抗震设计规范》GB 50011 和现行行业标准《预应力混凝土结构抗震设计》JGJ 140、《混凝土异形柱结构技术规程》JGJ 149、《型钢混凝土组合结构技术规程》JGJ 138 的相关规定。

7.2.2 钢筋混凝土叠合梁端竖向接缝采用直缝构造时，其受剪承载力设计值应按下列公式计算：

1 持久设计状况

$$V_u = 0.07 f_c A_{c1} + 0.10 f_c A_k + 1.65 A_{sd} \sqrt{f_c f_y} \tag{7.2.2-1}$$

2 地震设计状况

$$V_{uE} = 0.04 f_c A_{c1} + 0.06 f_c A_k + 1.65 A_{sd} \sqrt{f_c f_y} \tag{7.2.2-2}$$

式中：A_{c1}——叠合梁端截面后浇混凝土叠合层截面面积；

f_c——预制构件或后浇混凝土轴心抗压强度较低值；

f_y——垂直穿过结合面钢筋的抗拉强度设计值；

A_k——各键槽的根部截面面积（图 7.2.2）之和，按后浇键槽根部截面和预制键槽根部截面分别计算，并取二者的较小值；

A_{sd}——垂直穿过结合面所有钢筋的面积，包括叠合层内的纵向钢筋。

7.2.3 型钢混凝土叠合梁端竖向接缝的抗剪承载力设计值应按下列公式计算：

1 持久设计状况

$$V_u = 0.07 f_c A_{c1} + 0.10 f_c A_k + 1.65 A_{sd} \sqrt{f_c f_y} + 0.58 f_s t_w h_w \tag{7.2.3-1}$$

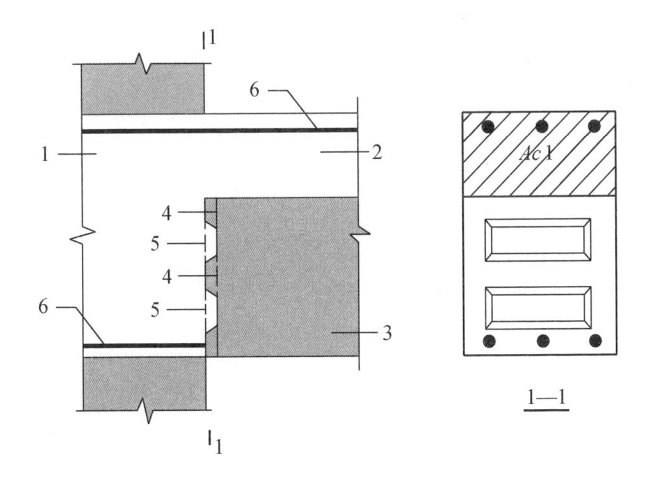

1—后浇节点区；2—后浇混凝土叠合层；3—预制梁；4—预制键槽根部截面；
5—后浇键槽根部截面；6—叠合梁纵向钢筋

图 7.2.2 叠合梁端部抗剪承载力计算参数示意

2 地震设计状况

$$V_{uE}=0.04f_cA_{c1}+0.06f_cA_k+1.65A_{sd}\sqrt{f_cf_y}+0.58f_st_wh_w \tag{7.2.3-2}$$

式中：f_s——型钢抗拉强度设计值；

t_w——型钢腹板厚度；

h_w——型钢腹板高度。

7.2.4 预应力混凝土叠合梁端竖向接缝的抗剪承载力设计值应按下列公式计算：

1 持久设计状况

$$V_u=0.07f_cA_{c1}+0.10f_cA_k+1.65A_{sd}\sqrt{f_cf_y}+0.05N_{p0} \tag{7.2.4-1}$$

2 地震设计状况

$$V_{uE}=0.04f_cA_{c1}+0.06f_cA_k+1.65A_{sd}\sqrt{f_cf_y}+0.05N_{p0} \tag{7.2.4-2}$$

式中：N_{p0}——计算截面上混凝土法向预应力等于零时的预加力；当 N_{p0} 大于 $0.3f_cA_0$ 时，取 $0.3f_cA_0$。此处，A_0 为叠合梁的换算截面面积。

7.2.5 螺栓连接混凝土叠合梁端竖向接缝的抗剪承载力设计值应按下列公式计算：

1 持久设计状况、短暂设计状况

$$V_u = 0.07f_cA_{c1} + 0.10f_cA_k + 1.65A_{sd}\sqrt{f_cf_y} + nV_{Ed}^1 \tag{7.2.5-1}$$

2 地震设计状况

$$V_{uE} = 0.04f_cA_{c1} + 0.06f_cA_k + 1.65A_{sd}\sqrt{f_cf_y} + nV_{Ed}^1 \tag{7.2.5-2}$$

式中：A_{c1}——叠合梁端截面后浇混凝土叠合层截面面积；
f_c——预制构件或后浇混凝土轴心抗压强度设计值较低值；
f_y——垂直穿过结合面钢筋的抗拉强度设计值；
A_k——各键槽的根部截面面积之和，按后浇键槽根部截面和预制键槽根部截面分别计算，并取二者的较小值；
A_{sd}——垂直穿过结合面所有钢筋的面积，包括叠合层内的纵向钢筋；
n——垂直穿过结合面所有螺栓的数量；
V_{Ed}^1——单个螺栓抗剪承载力设计值。

7.2.6 在地震设计状况下，预制柱底水平接缝的受剪承载力设计值应按下列公式计算：

1 对于钢筋混凝土预制柱

1）当柱受压时

$$V_{uE} = 0.8N + 1.65A_{sd}\sqrt{f_cf_y} \tag{7.2.6-1}$$

2）当柱受拉时

$$V_{uE}=1.65A_{sd}\sqrt{f_c f_y\left[1-\left(\frac{N}{A_{sd}f_y}\right)^2\right]} \quad (7.2.6\text{-}2)$$

式中：f_c——预制构件混凝土轴心抗压强度设计值；

f_y——垂直穿过结合面钢筋抗拉强度设计值；

N——与剪力设计值 V 相应的垂直于结合面的轴向力设计值，取绝对值进行计算；

A_{sd}——垂直穿过结合面钢筋的面积；

V_{uE}——地震设计状况下接缝受剪承载力设计值。

2 对于预制混凝土异形柱，应仅考虑验算方向柱肢截面的承载力，并按式(7.2.6-1)计算。

3 对于型钢混凝土预制柱

1）当柱受压时

$$V_{uE}=0.8N+1.65A_{sd}\sqrt{f_c f_y}+\frac{0.58}{\lambda}f_s t_w h_w \quad (7.2.6\text{-}3)$$

2）当柱受拉时

$$V_{uE}=1.65A_{sd}\sqrt{f_c f_y\left[1-\left(\frac{N}{A_{sd}f_y}\right)^2\right]}+\frac{0.58}{\lambda}f_s t_w h_w \quad (7.2.6\text{-}4)$$

式中：λ——预制柱剪跨比。

7.2.7 在地震设计状况下，预制柱底采用螺栓连接时，水平接缝的受剪承载力设计值应按下式计算：

$$V_{uE}=nV_{Ed}^{1}+\mu\cdot N \quad (7.2.7)$$

式中：V_{uE}——采用螺栓连接的柱底水平接缝抗剪承载力；

n——受压侧螺栓数量；

V_{Ed}^{1}——单个螺栓抗剪承载力设计值；

μ——柱底钢板和灌浆层之间的摩擦系数，一般取 0.20；

N——与剪力设计值相应的接缝结合面的轴力设计值，压力取正，拉力时取0。

7.3 装配整体式钢筋混凝土框架结构构造设计

7.3.1 本节适用于采用现浇柱及叠合梁和预制柱及叠合梁的装配整体式框架结构以及采用预制柱及现浇剪力墙的装配整体式框架-现浇剪力墙结构和全装配整体式框架-剪力墙结构中装配整体式框架的设计。

7.3.2 叠合梁的箍筋配置应符合下列规定：

1 一、二级抗震等级的叠合框架梁的梁端箍筋加密区宜采用整体封闭箍筋，且箍筋的搭接部分宜设置在预制部分中［图7.3.2(a)］。

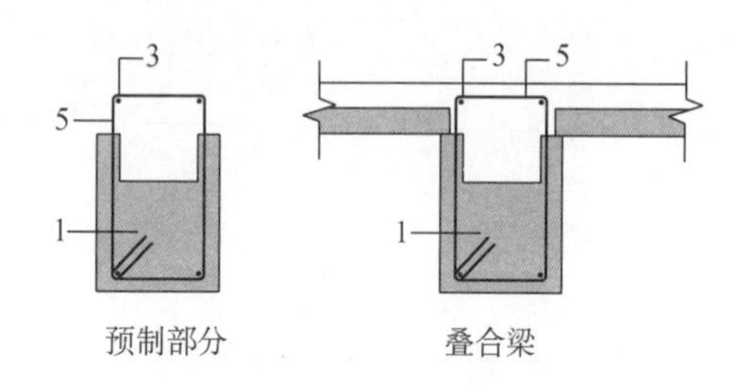

(a) 采用整体封闭箍筋的叠合梁

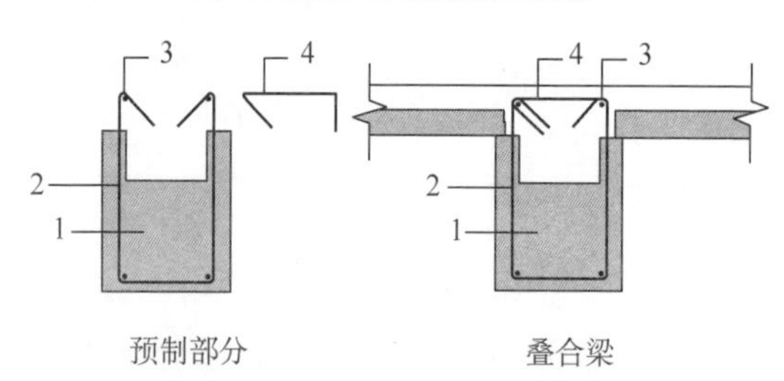

(b) 采用组合封闭箍筋的叠合梁(箍筋帽一端135°弯钩，另一端90°弯钩)

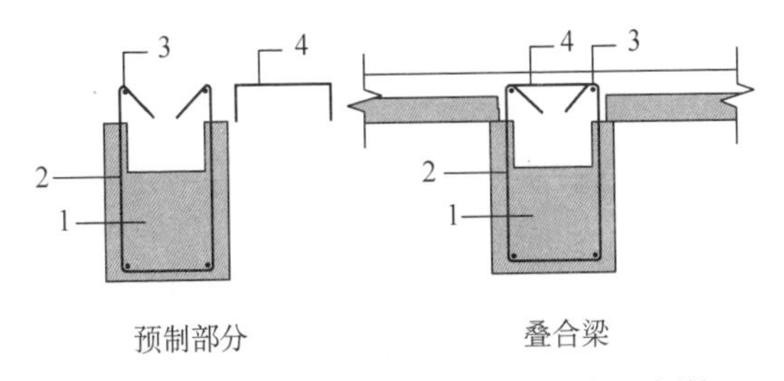

(c) 采用组合封闭箍筋的叠合梁(箍筋帽两端90°弯钩)

1—预制梁;2—开口箍筋;3—上部纵向钢筋;4—箍筋帽;5—整体封闭箍筋

图 7.3.2　叠合梁箍筋构造示意

2　采用组合封闭箍筋形式[图 7.3.2(b)、图 7.3.2(c)]时,开口箍筋上方应做成 135°弯钩,弯钩端头平直段长度不应小于 $10d$(d为箍筋直径);现场采用箍筋帽封闭开口箍,箍筋帽宜一端做成 135°弯钩,另一端做成 90°弯钩,弯钩端头平直段长度不应小于 $10d$;箍筋帽也可做成两端 90°弯钩;弯钩端头平直段长度不应小于 $12d$。

7.3.3　预制柱的设计应符合现行国家标准《混凝土结构设计规范》GB 50010 的要求,并应符合下列规定:

1　柱纵向受力钢筋直径不宜小于 20 mm。

2　矩形柱截面宽度或圆形柱直径不宜小于 400 mm,且不宜小于同方向梁宽的 1.5 倍。

3　柱纵向受力钢筋在柱底采用灌浆套筒连接时,钢筋连接区域的柱箍筋应加密,加密区不应小于纵向受力钢筋连接区域长度与 500 mm 之和,套筒上端第一个箍筋距离灌浆套筒顶部不应大于 50 mm(图 7.3.3)。

7.3.4　采用预制柱及叠合梁的装配整体式框架中,预制柱可根据需要采用单层柱方案和多层柱方案,并应符合下列规定:

1　柱纵向受力钢筋应贯穿后浇节点区。

2　当采用单层预制柱时,柱底接缝宜设置在楼面标高处(图 7.3.4-1),柱底混凝土表面应设置粗糙面,柱底宜预留 20 mm 坐浆层,并采用灌浆料填实。

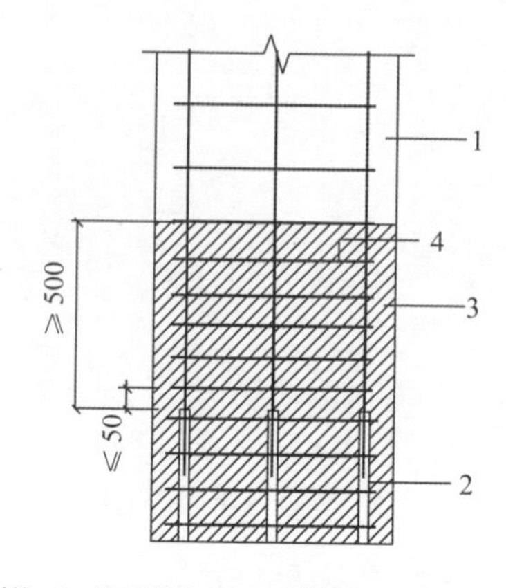

1—预制柱；2—柱钢筋连接；3—箍筋加密区；4—加密区箍筋

图 7.3.3 柱箍筋加密区域

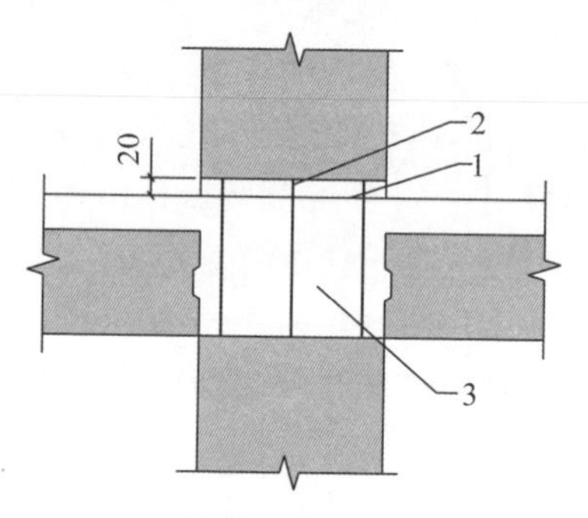

1—后浇节点区混凝土上表面粗糙面；2—拼缝灌浆层；3—后浇区

图 7.3.4-1 预制柱底接缝构造示意

3 当采用多层预制柱时，柱底接缝宜设置在楼面标高以下 20 mm 处，梁端宜采取有效措施保证其纵向钢筋在节点核心区可靠锚固。

4 多层预制柱的节点处应增设交叉钢筋，并应在预制柱上下侧混凝土内可靠锚固（图 7.3.4-2）。交叉钢筋每侧应设置一片，其强度等级不宜小于 HRB400，其直径应按运输、施工阶段的承载力及变形要求计算确定，且不应小于 16 mm。

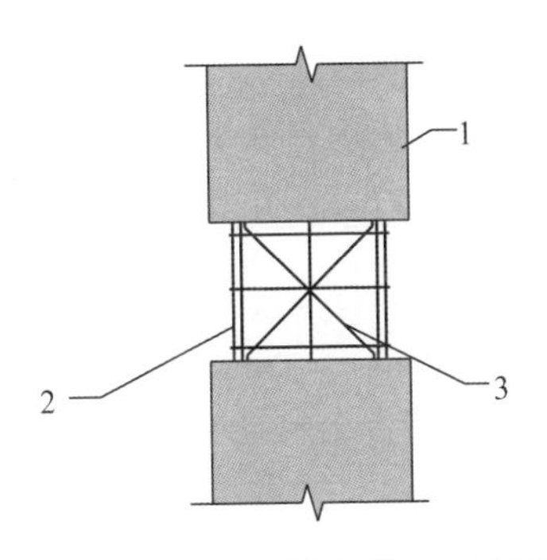

1—多层预制柱;2—柱纵向钢筋;3—交叉钢筋

图 7.3.4-2 多层预制柱接缝构造示意

7.3.5 预制柱与叠合梁组成的框架节点处,梁纵向受力钢筋应伸入现浇节点区内锚固或连接,并应符合下列规定:

1 在框架中间层中节点处(图 7.3.5-1),节点两侧的预制梁下部纵向钢筋宜锚固在节点区现浇混凝土内,也可采用机械连接或焊接的方式直接连接;上部钢筋在节点区现浇层内应连续。

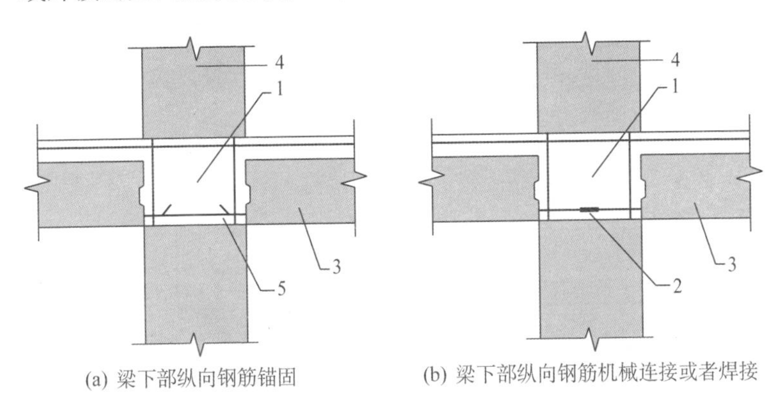

(a) 梁下部纵向钢筋锚固　(b) 梁下部纵向钢筋机械连接或者焊接

1—后浇区;2—下部纵筋连接;3—预制梁;4—预制柱;5—下部纵筋锚固

图 7.3.5-1 中间层中节点

2 在框架中间层边节点处(图 7.3.5-2),梁纵向钢筋锚固在节点区混凝土内;当柱截面尺寸不满足直线锚固要求时,宜采用锚固板的机械锚固方式，锚固直线段长度应伸过柱中心线不小于 $5d$，且不宜小于 $0.4l_{abE}$；也可采用 90°弯折锚固，锚固直线段不宜小于 $0.4l_{abE}$，且弯折后直线段不小于 $15d$。

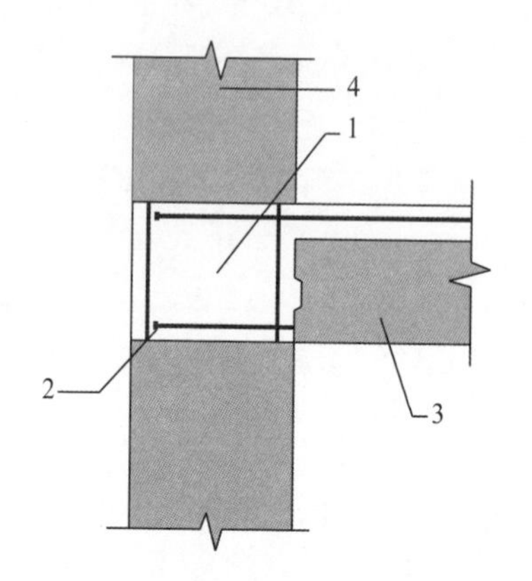

1—后浇区；2—梁纵筋锚固；3—预制梁；4—预制柱

图 7.3.5-2 中间层边节点

3 在框架顶层中节点处(图 7.3.5-3)，梁钢筋的构造按照本条第 1 款中的规定确定；柱纵向钢筋锚固在节点区内，宜采用锚固板的机械锚固方式，锚固长度不应小于 $0.5l_{abE}$。

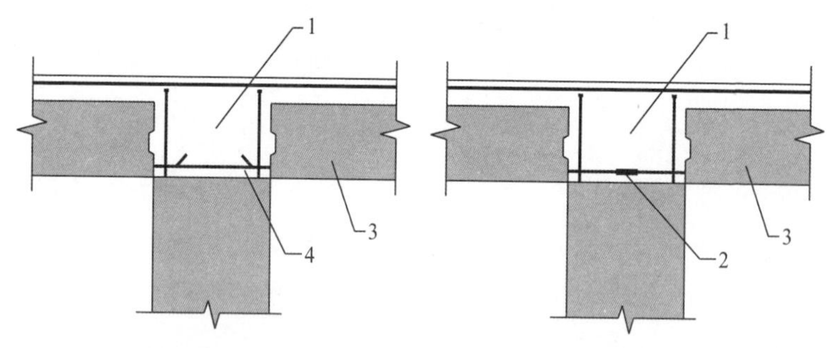

(a) 梁下部纵向钢筋锚固　　(b) 梁下部纵向钢筋机械连接或者焊接

1—后浇区；2—下部纵筋连接；3—预制梁；4—下部纵筋锚固

图 7.3.5-3 顶层中节点

4 对框架顶层端节点，柱宜伸出屋面并将柱纵向受力钢筋锚固在伸出段内(图 7.3.5-4)，柱纵向受力钢筋宜采用锚固板的锚固方式，此时锚固长度不应小于 $0.6l_{abE}$。伸出段内箍筋直径不应小于 $d/4$(d 为纵向受力钢筋的最大直径)，伸出段内箍筋间距不应大于 $5d$(d 为纵向受力钢筋的最小直径)，且不应大于 100 mm；梁纵向受力应锚固在后浇节点区内，且宜采用锚固板的锚固方式，此时锚固长度不应小于 $0.6l_{abE}$。

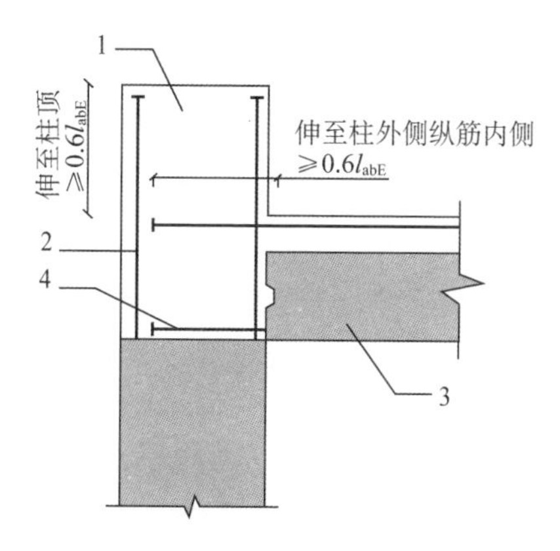

1—后浇区；2—柱纵筋锚固；3—预制梁；4—梁纵筋锚固

图 7.3.5-4 顶层边节点

7.3.6 梁、柱纵向钢筋在节点区内采用直线锚固、弯折锚固或机械锚固的方式时，其锚固长度应符合现行国家标准《混凝土结构设计规范》GB 50010 的相关规定；当梁、柱纵向钢筋采用锚固板的机械锚固方式时，应符合现行行业标准《钢筋锚固板应用技术规程》JGJ 256 的相关规定。

7.3.7 采用预制柱及叠合梁的装配整体式框架节点，梁下部纵向受力钢筋也可伸至节点区外的后浇段内连接(图 7.3.7)，连接接头与节点区的距离不应小于 $1.5h_0$(h_0 为梁截面有效高度)。

7.3.8 现浇柱与叠合梁组成的框架节点处，梁纵向钢筋的连接与锚固应符合本标准第 7.3.5～7.3.7 条的规定。

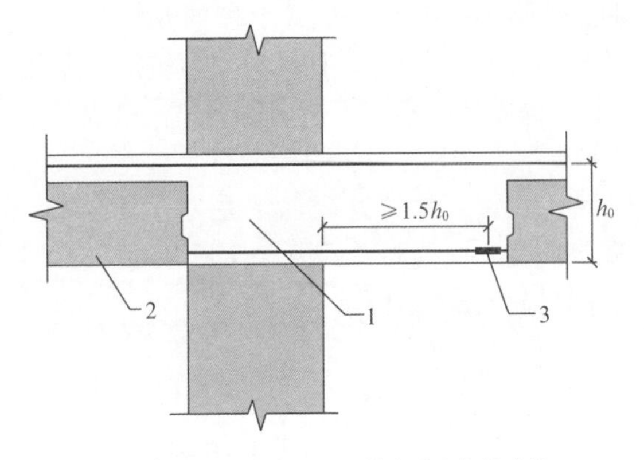

1—后浇段；2—预制梁；3—纵向受力钢筋连接

图 7.3.7 梁纵向钢筋在节点区外的后浇段内连接示意

7.3.9 框架柱纵向钢筋采用螺栓连接时，可采用预埋螺栓连接器的形式或简化螺栓连接形式；应对螺栓连接器和简化螺栓连接在不同设计状况下的承载力进行验算，并应符合现行国家标准《混凝土结构设计规范》GB 50010 和《钢结构设计规范》GB 50017 的规定。框架柱端接缝宽度不宜小于 50 mm 且满足施工安装的要求，接缝应采用灌浆料填实；柱端接缝面应设置剪力键槽及混凝土粗糙面，并应符合现行国家标准《装配式混凝土建筑技术标准》GB/T 51231 和现行行业标准《装配式混凝土结构技术规程》JGJ 1 的相关规定。螺帽应采取紧固措施，并符合下列规定：

1 当采用螺栓连接器时，上层预制柱通过预埋的连接器与下部基础或下层预制柱中伸出的预埋螺杆连接；下部基础或预制柱中的预埋螺栓应在基础内可靠锚固或与预制柱纵向钢筋有效连接，并应符合现行国家标准《混凝土结构设计规范》GB 50010 的相关规定；螺栓连接器及螺杆的数量应通过计算确定，且螺杆的抗拉承载力不宜小于被连接钢筋抗拉承载力的 1.1 倍；螺栓连接器根据螺栓的直径选用配套的产品，手孔宽度不宜大于 110 mm,高度不宜大于 150 mm;螺栓连接器手孔区域及接缝应采用 UHPC 后灌浆;螺栓连接区域应箍筋加密,加密区长度应不小于连接器与预制柱纵向钢筋搭接长度和 500 mm 之间的较大值,螺栓手孔上端第一个箍筋距离螺栓手孔顶部不应大于 50 mm;预制柱螺栓连接器手孔盒顶部 50 mm 范围内应设置不少于 3 道连续叠放的加强箍筋(图 7.3.9-1)。

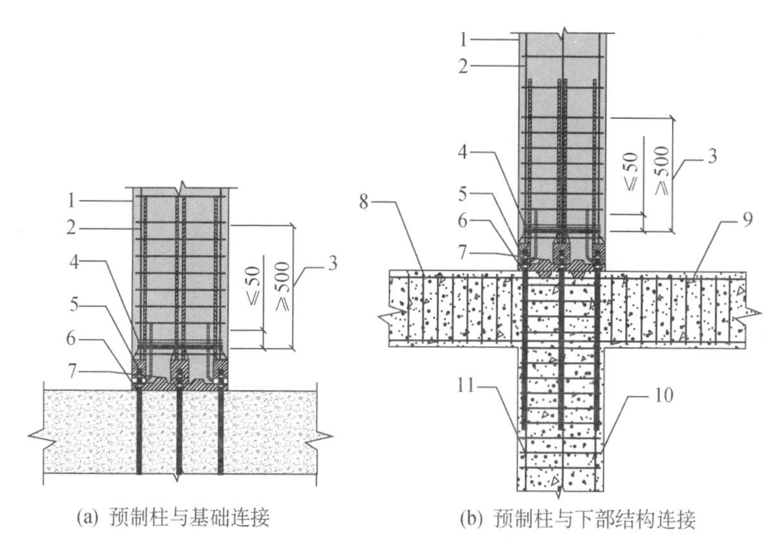

1—预制柱;2—上柱纵筋;3—箍筋加密区;4—加密区箍筋;
5—柱端手孔灌浆区;6—预埋螺杆;7—柱端剪力键;8—梁内箍筋;
9—梁内纵筋;10—下柱箍筋;11—下柱纵筋

图 7.3.9-1 螺栓连接器柱箍筋加密区域

2 当采用简化螺栓连接时,暗墩顶部距离预制柱底部不应小于预制柱中纵向受力钢筋的锚固长度 l_{aE},且不应小于 200 mm;螺栓连接区域及预留孔道应采用高强灌浆料灌浆;安装手孔宽度不宜大于 150 mm,高度不宜大于 150 mm,手孔内表面应设置粗糙面;暗墩区域及手孔上部区域应箍筋加密,加密区长度应不小于附加搭接钢筋搭接长度和 500 mm 之间的较大值;暗墩预留孔道应采用螺旋箍筋约束，螺旋箍筋直径不应小于 6 mm，螺距不应大于手孔加密区箍筋间距和 50 mm 之间的较小值，螺栓手孔上下两端第一个箍筋分别距离螺栓手孔顶部、底部不应大于 50 mm，螺栓手孔高度范围取消的柱箍筋应按面积等代原则均布在手孔上下侧 50 mm 范围内(图 7.3.9-2)。

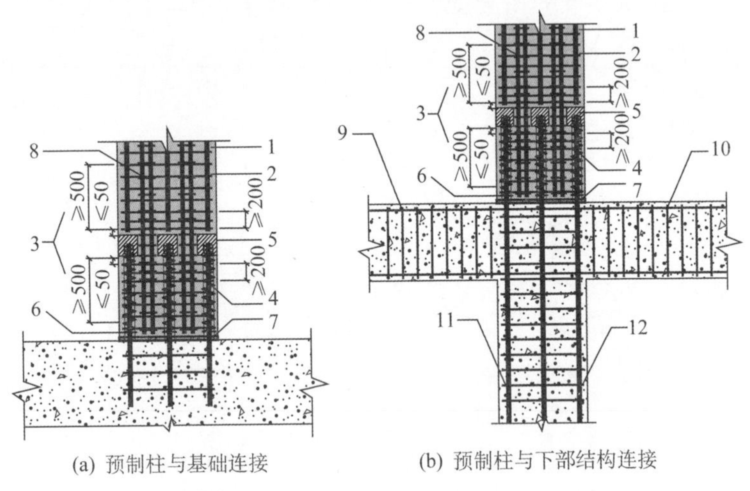

(a) 预制柱与基础连接　　(b) 预制柱与下部结构连接

1—预制柱；2—上柱纵筋；3—箍筋加密区；4—螺旋箍筋；
5—柱端手孔灌浆区；6—下柱纵筋；7—柱底坐浆层；8—上柱钢筋；
9—梁内纵筋；10—梁内箍筋；11—下柱纵筋；12—下柱箍筋

图 7.3.9-2　简化螺栓连接柱箍筋加密区域

7.3.10　预制梁与预制柱采用螺栓连接时，可采用预埋螺栓连接器的形式或简化螺栓连接形式，节点核心区宜预制，牛腿可采用预制钢筋混凝土牛腿或钢牛腿；预制梁的设计应符合现行国家标准《混凝土结构设计规范》GB 50010 的要求，预制梁竖向接缝宜设置在梁柱交界面处，预制梁和预制柱交界面处的接缝宽度不宜小于 50 mm 且满足施工安装的要求，并应采用灌浆料填实；梁端接缝面应设置剪力键槽及混凝土粗糙面，并应符合现行国家标准《装配式混凝土建筑技术标准》GB/T 51231 和现行行业标准《装配式混凝土结构技术规程》JGJ 1 的相关规定。螺帽应采取紧固措施，并符合下列规定：

1 当采用螺栓连接器时，预制梁通过预埋的螺栓连接器与预制节点核心区中伸出预埋的螺杆连接，预制节点核心区中伸出的螺杆应在节点核心区可靠锚固，边节点可采用弯折锚固构造，中间节点可采用贯穿式连接螺杆构造；螺栓连接器及螺杆的数量应通过计算确定，且螺杆的抗拉承载力不宜小于被连接钢筋抗拉承载力的1.1 倍；螺栓连接器根据螺栓的直径选用配套的产品，手孔宽度不宜大于 110 mm，高度不宜大于 150 mm。螺栓连接器手孔区域及接缝应采用 UHPC 后灌浆；预制梁端螺栓连接区域应加密箍筋，箍筋加密区长度应不小于连接器与预制梁纵向钢筋搭接长度和 300 mm 之间的较大值；预制梁端螺栓连接器手孔盒内侧端部 50 mm 范围内宜设置不少于 3 道连续叠放的加强箍筋（图 7.3.10-1）。

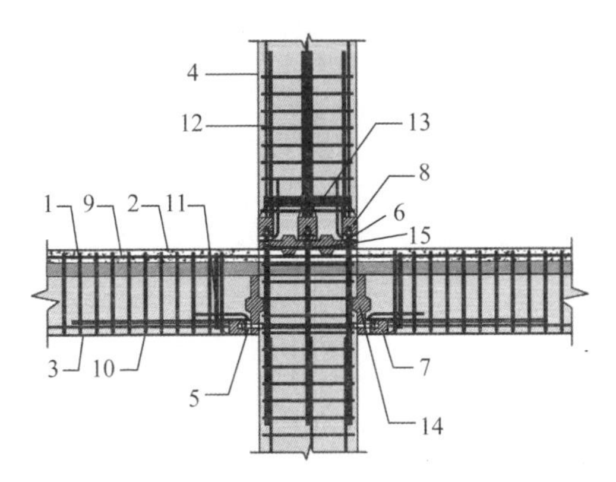

1—预制板；2—现浇板；3—预制梁；4—预制柱；5—梁端连接螺栓器；
6—柱端连接螺栓器；7—梁端手孔灌浆区；8—柱端手孔灌浆区；
9—梁上端纵筋；10—梁下端纵筋；11—梁端手孔加强箍筋；12—柱纵筋；
13—柱端手孔加强箍筋；14—梁端剪力键；15—柱端剪力键

图 7.3.10-1 预制梁和预制柱螺栓连接器节点示意

2 当采用简化螺栓连接时，梁端手孔内侧距离框架柱侧面不应小于预制梁中底筋的锚固长度 l_{aE}，且不应小于 200 mm；螺栓连接区域及预留孔道应采用高强灌浆料灌浆；安装手孔宽度不宜大于 150 mm，高度不宜大于 150 mm；梁端手孔内侧及手孔外侧区域应箍筋加密，手孔外侧加密区长度应不小于附加搭接钢筋搭接长度和 500 mm 之间的较大值；手孔内侧预留孔道应采用螺旋箍筋约束，螺旋箍筋直径不应小于 6 mm，螺距不应大于手孔加密区箍筋间距和 50 mm 之间的较小值，螺栓手孔左右两端第一个箍筋分别距离螺栓手孔内侧、外侧不应大于 50 mm，螺栓手孔水平范围取消的柱箍筋应按面积等代原则均布在手孔左右侧 50 mm 范围内(图 7.3.10-2)。

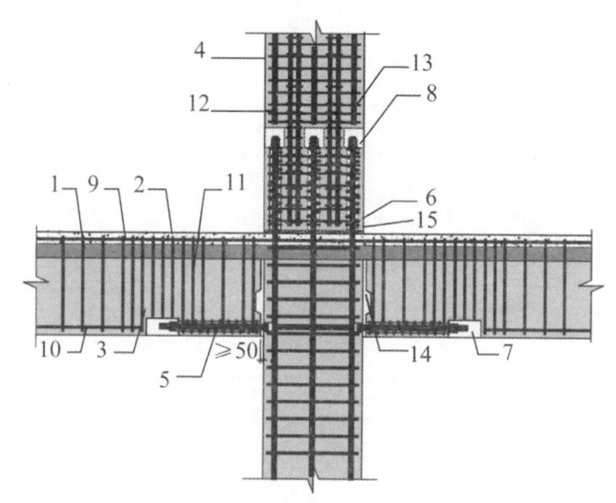

1—预制板；2—现浇板；3—预制梁；4—预制柱；5—梁端螺杆；
6—柱端连接螺栓器；7—梁端手孔灌浆区；8—柱端手孔灌浆区；
9—梁上端纵筋；10—梁下端纵筋；11—梁端手孔加强箍筋；12—柱纵筋；
13—柱端手孔加强箍筋；14—梁端剪力键；15—柱端剪力键

图 7.3.10-2　预制梁和预制柱简化螺栓连接节点示意

7.3.11　框架柱采用螺栓连接，当柱底接缝灌浆料未达到设计强度时，应对柱底连接节点进行风荷载和自重作用下的承载力验算。

7.3.12　当预制柱纵向钢筋采用基于 UHPC 搭接连接时，预制上柱和预制下柱纵筋的搭接长度不宜小于 15d(d 为钢筋直径)；预制上柱下部宜采用凸形端头(图 7.3.12)。

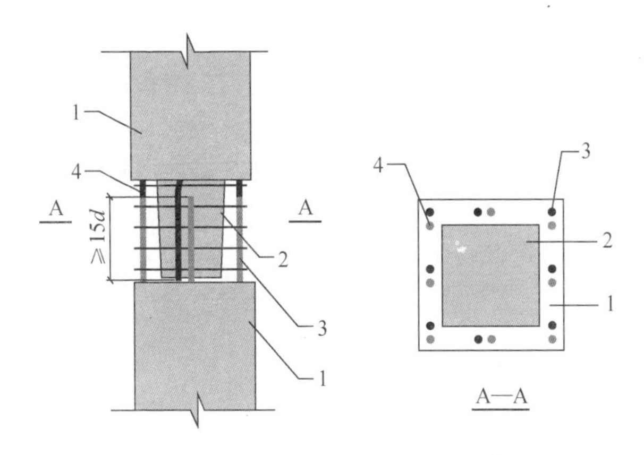

1—预制柱；2—凸形端头；3—搭接钢筋

图 7.3.12 预制上柱凸形端头构造示意

7.3.13 当预制梁柱节点采用基于 UHPC 搭接连接时，预制梁底部纵筋在节点核心区局部应采用 UHPC 材料浇筑，浇筑高度宜高出底部纵筋顶面 $3d$，节点核心区其余部位可采用现浇混凝土浇筑（图 7.3.13）；在 UHPC 材料浇筑区域的梁纵向钢筋锚固在节点区内，锚固长度不应小于 $15d$。

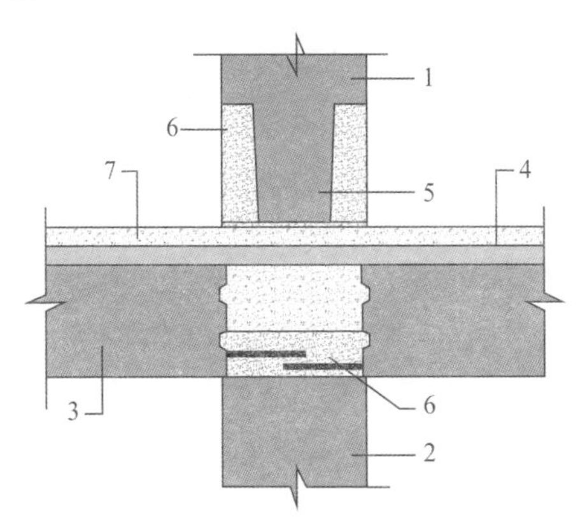

1—预制上柱；2—预制下柱；3—预制梁；4—叠合板；5—凸形端头；
6—UHPC 材料；7—现浇混凝土

图 7.3.13 预制上柱凸形端头构造示意

7.4 装配整体式预应力混凝土框架结构构造设计

7.4.1 本节适用于采用现浇柱及预应力叠合梁和预制柱及预应力叠合梁的后张法装配整体式预应力框架结构的设计。

7.4.2 预应力叠合梁可采用有粘结预应力筋[图 7.4.2(a)]和部分粘结预应力筋[图 7.4.2(b)],并应符合下列规定:

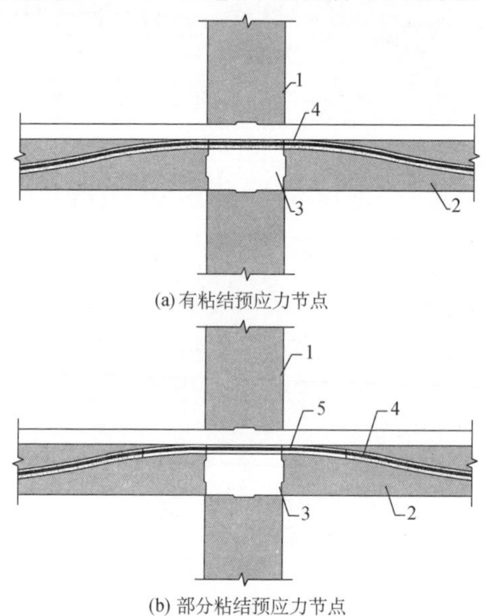

1—预制柱;2—预制梁;3—后浇区;4—有粘结段预应力筋;5—无粘结段预应力筋

图 7.4.2 装配整体式预应力框架节点构造示意

1 预应力叠合梁的高宽比不宜大于 4;梁高宜取 1/12～1/22 的计算跨度,净跨与截面高度之比不宜小于 4。

2 当采用部分粘结预应力筋时,无粘结段宜设置在节点核心区附近,无粘结段范围宜取节点核心区宽度及两侧梁端 1 倍梁高范围;无粘结段预应力筋的外包层材料及涂料层应符合现行行业标准《无粘结预应力混凝土结构技术规程》JGJ 92 的相关规定。

7.4.3 预制柱、预应力叠合梁和框架节点的其他构造设计应符合本标准第 6 章和本章的相关规定。

7.5 装配整体式型钢混凝土框架结构构造设计

7.5.1 本节适用于采用现浇型钢混凝土柱及型钢混凝土叠合梁和预制型钢混凝土柱及型钢混凝土叠合梁的装配整体式型钢混凝土框架结构的设计。

7.5.2 预制型钢混凝土叠合梁和预制型钢混凝土柱应符合下列规定：

1 叠合梁和预制柱中的型钢宜采用螺栓连接。

2 叠合梁的竖向接缝宜设置在距离柱边 1 倍梁截面高度位置处，预制型钢混凝土柱底的接缝宜设置在距离楼面标高以上 1 倍柱截面高度位置处，1 倍梁截面高度范围内的梁、1 倍柱截面高度范围内的柱与节点区同时后浇混凝土(图 7.5.2)。

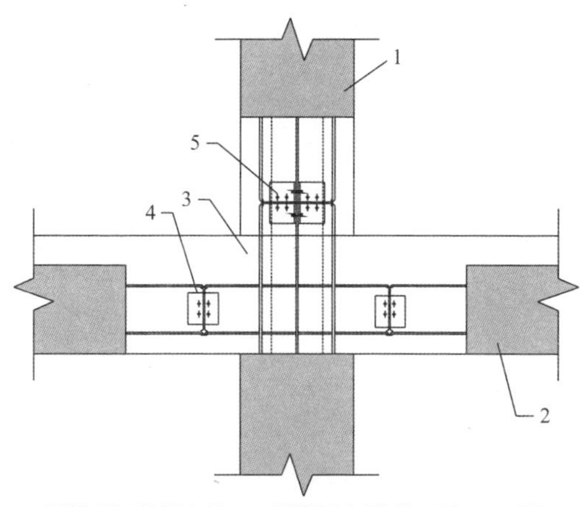

1—预制型钢混凝土柱；2—预制型钢混凝土梁；3—后浇区；
4—预制梁型钢螺栓连接；5—预制柱型钢螺栓连接

图 7.5.2 装配整体式型钢混凝土框架节点构造示意

7.5.3 预制型钢混凝土柱、型钢混凝土叠合梁和节点区的其他构造设计应符合本标准第 6 章和本章的相关规定。

8 剪力墙结构设计

8.1 一般规定

8.1.1 本章适用于装配整体式剪力墙、预应力叠合楼板装配整体式剪力墙和装配整体式夹心保温剪力墙三类剪力墙结构的设计。

8.1.2 对同一层内既有现浇剪力墙又有预制剪力墙的装配整体式剪力墙结构,现浇剪力墙承担的水平地震作用弯矩、剪力宜乘以不小于1.1的增大系数。

8.1.3 装配整体式剪力墙结构的平面和竖向布置应综合考虑安全性、适用性、经济性等因素,宜选择简单、规则、均匀、对称的布置方案,并应符合下列规定:

1 应沿两个方向布置剪力墙,且两个方向的侧向刚度不宜相差过大。

2 剪力墙的截面宜简单、规则,自上而下宜连续布置,避免层间侧向刚度突变。

3 门窗洞口宜上下对齐、成列布置,形成明确的墙肢和连梁;抗震等级为一、二、三级的剪力墙底部加强部位不应采用错洞墙,结构全高均不应采用叠合错洞墙。

4 剪力墙墙段长度不宜大于8 m,各墙段高度与长度的比值不宜小于3。

8.1.4 高层装配整体式剪力墙结构中的电梯井筒和楼梯间外墙宜采用现浇混凝土结构。

8.1.5 高层建筑装配整体式剪力墙不应全部采用短肢剪力墙。当采用具有较多短肢剪力墙的剪力墙结构时,应符合下列规定:

1 在规定的水平地震作用下，短肢剪力墙承担的底部倾覆力矩不宜大于结构底部总倾覆力矩的50%。

2 建筑适用高度应比本标准第6.1.1条规定的装配整体式剪力墙结构的最大适用高度降低20 m。

注：1 短肢剪力墙是指截面厚度不大于300 mm、各肢截面高度与厚度之比的最大值大于4但不大于8的剪力墙。

2 具有较多短肢剪力墙的剪力墙结构是指在规定的水平地震作用下，短肢剪力墙承担的底部倾覆力矩不小于结构底部总地震倾覆力矩的30%的剪力墙结构。

8.2 连接设计

8.2.1 楼层内相邻预制剪力墙之间应采用整体式接缝连接，且应符合下列规定：

1 当接缝位于纵横墙交接处的约束边缘构件区域时，约束边缘构件的阴影区域（图8.2.1-1）宜全部采用后浇混凝土，并应在后浇段内设置封闭箍筋。

2 当接缝位于纵横墙交接处的构造边缘构件区域时，构造边缘构件宜全部采用后浇混凝土（图8.2.1-2）；当仅在一面墙上设置后浇段时，后浇段的长度不宜小于300 mm（图8.2.1-3）。

3 边缘构件内的配筋及构造要求应符合现行国家标准《建筑抗震设计规范》GB 50011的相关规定；预制剪力墙的水平分布钢筋在后浇段内的锚固、连接应符合现行国家标准《混凝土结构设计规范》GB 50010的相关规定。

4 非边缘构件位置，相邻预制剪力墙之间应设置后浇段，后浇段的宽度不应小于墙厚且不宜小于200 mm；后浇段内应设置不少于4根竖向钢筋，钢筋直径不应小于墙体竖向分布筋直径且不应小于8 mm；两侧墙体的水平分布筋在后浇段内的锚固、连接应符合现行国家标准《混凝土结构设计规范》GB 50010的相关规定。

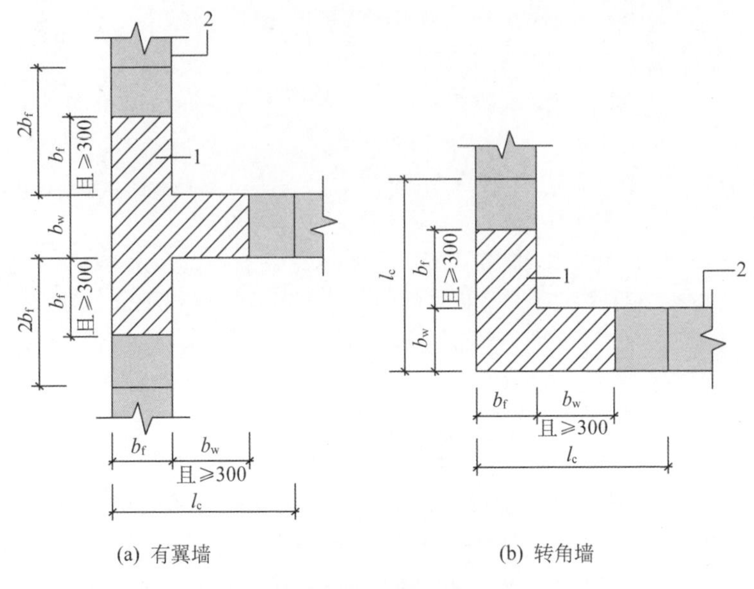

(a) 有翼墙　　　　(b) 转角墙

1—后浇段；2—预制剪力墙

图 8.2.1-1　约束边缘构件阴影区域全部后浇构造示意

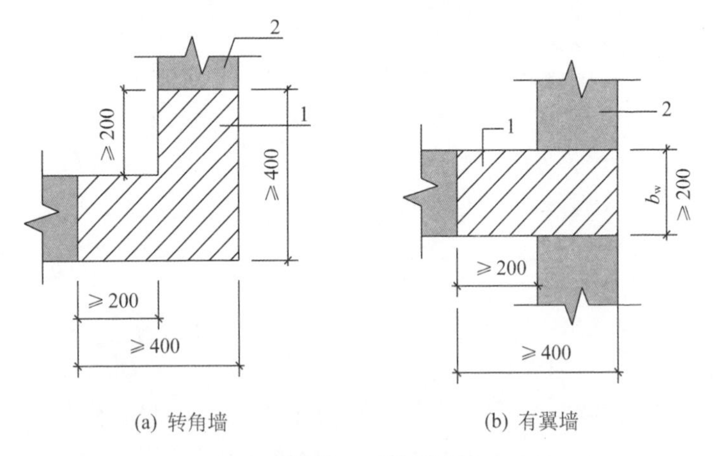

(a) 转角墙　　　　(b) 有翼墙

1—后浇段；2—预制剪力墙

图 8.2.1-2　构造边缘构件全部后浇构造示意

（阴影区域为构造边缘构件范围）

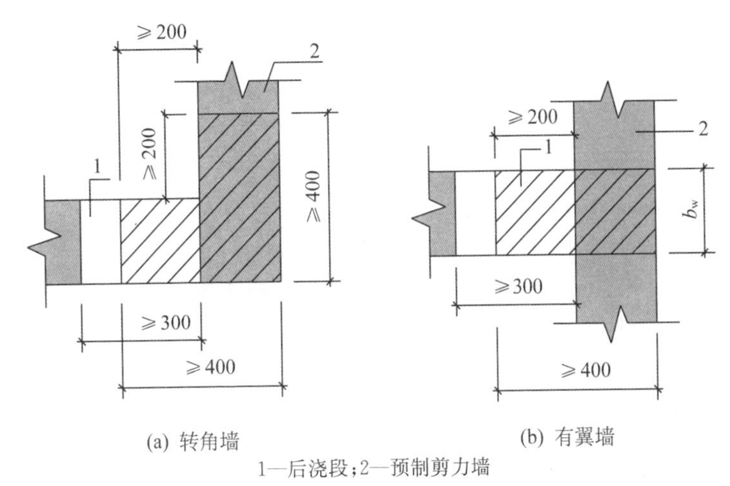

(a) 转角墙　　(b) 有翼墙

1—后浇段；2—预制剪力墙

图 8.2.1-3　构造边缘构件部分现浇构造示意

（阴影区域为构造边缘构件范围）

8.2.2　屋面以及立面收进的楼层，当采用叠合楼板时，应在预制剪力墙顶部设置封闭的后浇钢筋混凝土圈梁（图 8.2.2），并应符合下列规定：

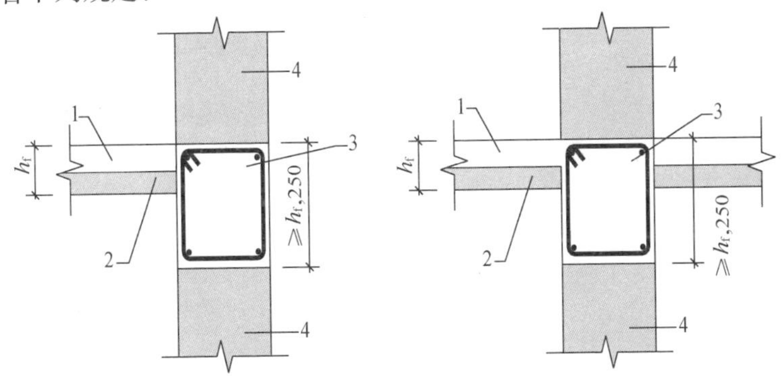

1—叠合板现浇层；2—预制楼板；3—现浇圈梁；4—预制墙板

图 8.2.2　后浇钢筋混凝土圈梁构造示意

1　圈梁截面宽度不应小于剪力墙的厚度，截面高度不宜小于楼板厚度及 250 mm 的较大值；圈梁应与现浇或叠合楼、屋盖浇筑成整体。

2 圈梁内配置的纵向钢筋不应少于 4ϕ12，且按全截面计算的配筋率不应小于 0.5%和水平分布筋配筋率的较大值，纵向钢筋竖向间距不应大于 200 mm；箍筋间距不应大于 200 mm，且直径不应小于 8 mm。

3 圈梁混凝土强度等级应不低于楼板或预制剪力墙的混凝土强度等级。

8.2.3 各层楼面位置，当采用叠合楼板且预制剪力墙顶部无后浇圈梁时，应设置连续的水平后浇带（图 8.2.3）。水平后浇带应符合下列规定：

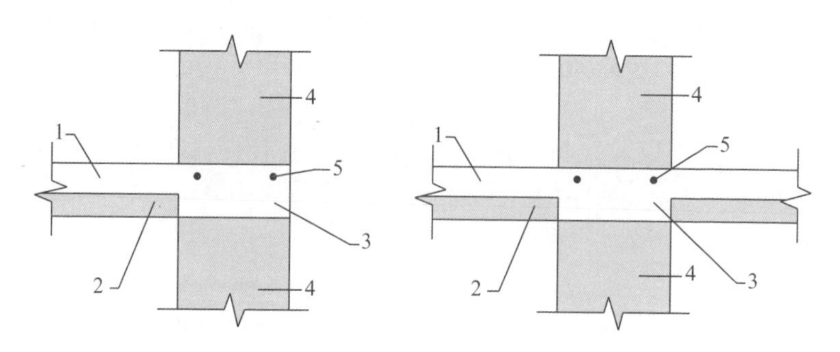

1—叠合板现浇层；2—预制板；3—水平现浇带；4—预制墙板；5—纵向钢筋

图 8.2.3 水平后浇带构造示意

1 水平后浇带宽度应取剪力墙的厚度，高度不应小于楼板厚度；水平后浇带应与现浇或者叠合楼、屋盖浇筑成整体。

2 水平后浇带内应配置不少于 2 根连续纵向钢筋，其直径不宜小于 12 mm。

3 水平后浇带的混凝土强度等级应不低于楼板或预制剪力墙的混凝土强度等级。

8.2.4 预制剪力墙底部接缝宜设置在楼面标高处。接缝高度宜为 20 mm，且宜采用灌浆料填实。

8.2.5 上、下层预制剪力墙的边缘构件竖向钢筋宜采用套筒灌浆连接。一字形预制剪力墙的边缘构件竖向钢筋宜逐根连接。

8.2.6 纵向钢筋采用金属波纹管浆锚搭接连接(图 8.2.6)时，应满足下列要求：

1 受拉钢筋的搭接长度不应小于 $1.2l_{aE}$ 且不应小于 300 mm，l_{aE} 为受拉钢筋的抗震锚固长度，按现行国家标准《混凝土结构设计规范》GB 50010 计算。受压钢筋当充分利用其抗压强度时，锚固长度不应小于受拉锚固长度的 0.7 倍。

2 金属波纹管的长度应比连接钢筋锚固长度长 30 mm 以上，内径应比连接钢筋直径大 15 mm 以上，波纹高度不应小于 3 mm，壁厚不宜小于 0.4 mm。金属波纹管上部应根据灌浆要求设置合理弧度。

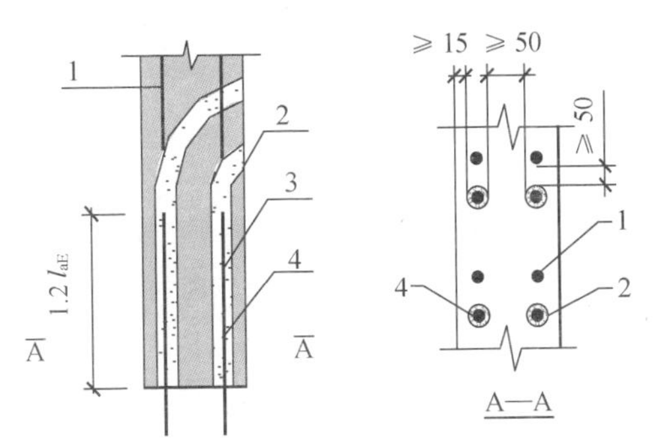

1—上部预制构件纵筋；2—金属波纹管；3—孔道内灌浆；4—下部预制构件纵筋

图 8.2.6 配置金属波纹管的浆锚搭接连接构造示意

8.2.7 纵向钢筋采用螺栓连接时，可采用设置暗梁的形式[图 8.2.7-1(a)]或预埋连接器的形式[图 8.2.7-1(b)]。应对暗梁和预埋连接器在不同设计状况下的承载力进行验算，并应符合现行国家标准《混凝土结构设计规范》GB 50010 和《钢结构设计规范》GB 50017 的规定。螺帽应采取紧固措施，并符合下列规定：

1 当采用设置暗梁形式时，暗梁高度不应小于 200 mm，且暗梁顶部距离墙体底部不应小于锚固长度 l_{aE}，暗梁配筋纵向钢筋不少于 4 根、直径不小于 12 mm，箍筋直径不小于 8 mm、间距不大于 150 mm。安装手孔高度不宜大于 150 mm，宽度不应大于 150 mm，手孔内表明应设置粗糙面。手孔顶部向上延伸 300 mm 范围内的水平分布筋宜加密(图 8.2.7-2)，并满足本标准表 8.3.5 的要求，手孔竖向范围取消的墙水平筋应按面积等代原则均布在手孔上下侧 50 mm 范围内。

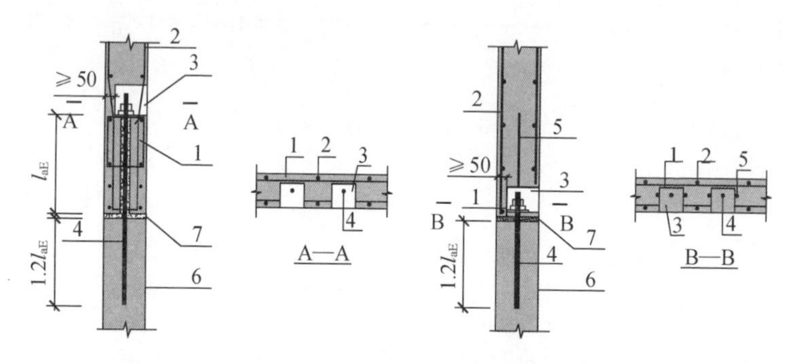

(a) 设置暗梁形式

(b) 预埋连接器形式

1—暗梁或预埋连接器；2—剪力墙竖向钢筋；3—手孔(盒)；4—连接螺栓；5—连接器锚筋(与连接器焊接)；6—下层预制构件；7—坐浆层

图 8.2.7-1　螺栓连接构造示意

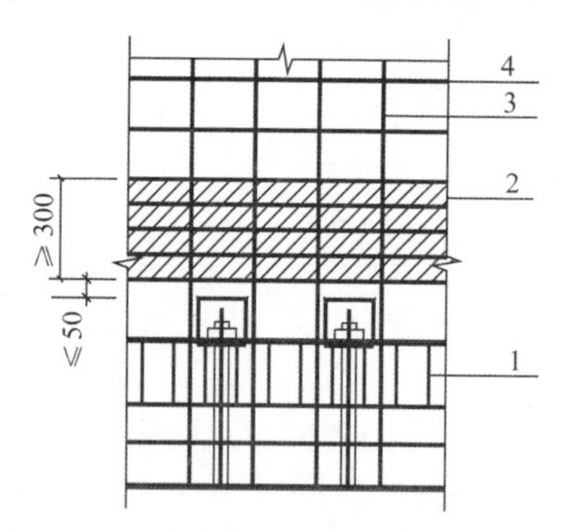

1—暗梁；2—水平分布钢筋加密区域(阴影区域)；3—竖向钢筋；4—水平分布钢筋

图 8.2.7-2　设置暗梁形式的螺栓连接手孔上方水平钢筋的加密构造示意

2 当采用连接器连接时，自连接器手孔盒顶部向上延伸300 mm范围内的水平分布钢筋宜加密，并满足本标准表8.3.5的要求(图8.2.7-3)。

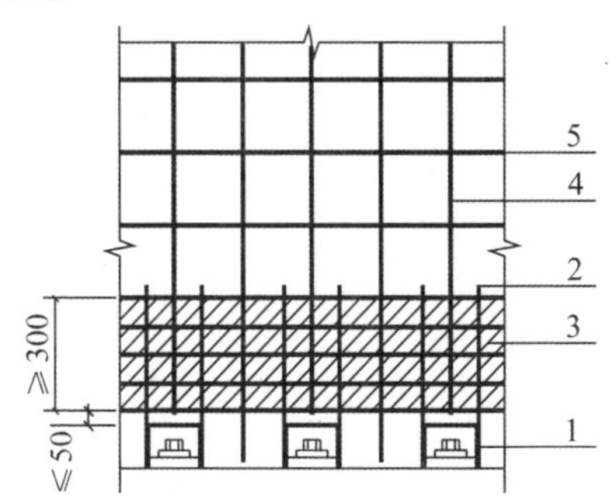

1—螺栓连接器；2—锚筋；3—水平分布钢筋加密区域(阴影区域)；
4—竖向钢筋；5—水平分布钢筋

图8.2.7-3 螺栓连接器手孔上方水平钢筋的加密构造示意

8.2.8 上、下层预制剪力墙的竖向分布钢筋可采用单排套筒灌浆连接、单排金属波纹管浆锚搭接连接或单排螺栓连接，并应符合下列规定：

1 当采用单排套筒灌浆连接(图8.2.8-1)和金属波纹管浆锚搭接连接(图8.2.8-2)时，连接钢筋的抗拉承载力不宜小于被连接钢筋抗拉承载力的1.1倍，并应符合本标准第8.2.10条的计算规定；竖向连接钢筋间距不宜大于400 mm；竖向连接钢筋在下层预制墙体中的锚固长度不应小于$1.2l_{aE}$；竖向连接钢筋在上层预制墙体中的锚固长度对于套筒灌浆连接不应小于l_{aE}(从套筒顶面至连接钢筋顶部)或$1.2l_{aE}$(从套筒底部至连接钢筋顶部)中的较大值，对于金属波纹管浆锚搭接连接不应小于$1.2l_{aE}$(从金属波纹管底部至连接钢筋顶部)，且应符合现行国家标准《混凝土结构设计规范》GB 50010和本标准第6.5节的相关规定。其中，l_{aE}按连接钢筋直径计算。

2 当采用单排螺栓连接(图8.2.7-1)时，附加连接螺栓的抗

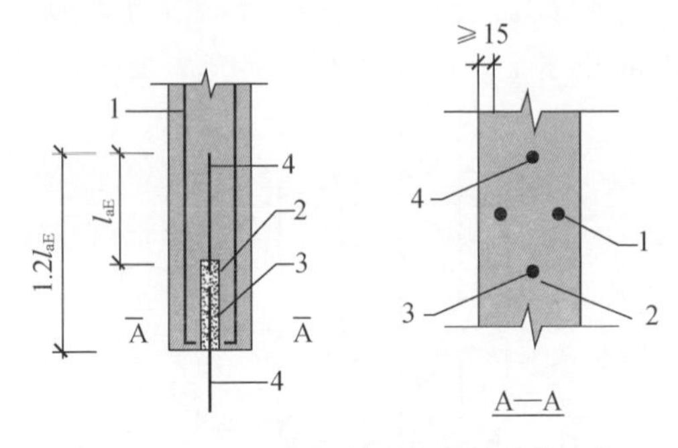

图 8.2.8-1　竖向钢筋单排套筒灌浆连接

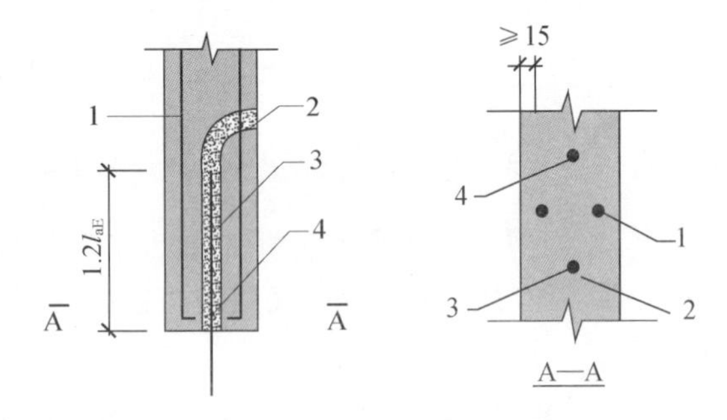

1—上部预制构件纵筋；2—套筒或金属波纹管；3—灌浆料；4—连接钢筋

图 8.2.8-2　竖向钢筋单排金属波纹管浆锚搭接连接

拉承载力不宜小于被连接钢筋抗拉承载力的 1.1 倍，并应符合本标准第 8.2.10 条的计算要求；螺栓的锚固长度应符合现行国家标准《混凝土结构设计规范》GB 50010 的相关规定。

8.2.9　预制剪力墙相邻下层为现浇剪力墙时，预制剪力墙与下层现浇剪力墙中竖向钢筋的连接应符合本标准第 8.2.5～8.2.8 条的规定。

8.2.10　在地震设计状况下，剪力墙水平接缝的受剪承载力设计值应按下式计算：

$$V_{uE}=0.6f_{y}A_{sd}+0.8N \qquad (8.2.10)$$

式中：f_y——垂直穿过结合面的钢筋和螺杆抗拉强度设计值；

N——与剪力设计值 V 相应的垂直于结合面的轴向力设计值，压力时取正，拉力时取负；

A_{sd}——垂直穿过结合面的抗剪钢筋和螺杆面积。

8.2.11 预制剪力墙洞口上方的预制连梁宜与后浇圈梁或水平后浇带形成叠合连梁（图 8.2.11），叠合连梁的配筋及构造要求应符合现行国家标准《混凝土结构设计规范》GB 50010 的相关规定。

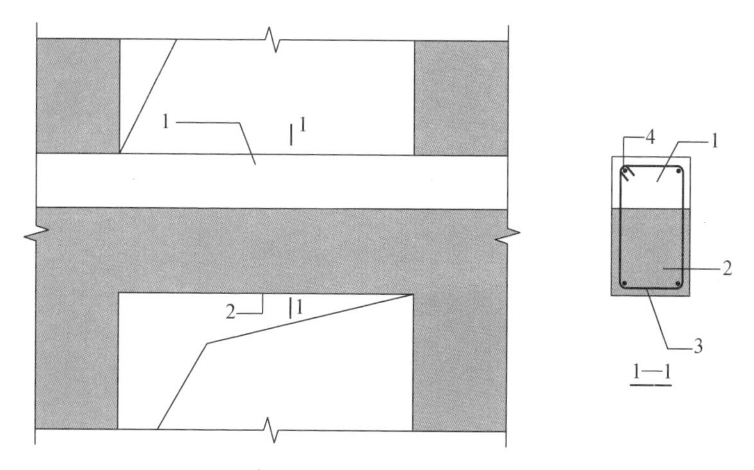

1—后浇圈梁或后浇带；2—预制连梁；3—箍筋；4—纵向钢筋

图 8.2.11 预制剪力墙叠合连梁构造示意

8.2.12 预制叠合连梁的预制部分宜与剪力墙整体预制，也可在跨中可靠拼接或在端部与预制剪力墙可靠拼接。

8.3 装配整体式混凝土剪力墙构造设计

8.3.1 本节适用于预制剪力墙竖向钢筋采用套筒灌浆连接、金属波纹管浆锚搭接连接和螺栓连接的装配整体式剪力墙的设计。

8.3.2 装配整体式剪力墙宜采用一字形，也可采用 L 形、T 形或 U 形；开洞预制剪力墙洞口宜居中布置，洞口两侧的墙肢宽度不应小于 200 mm，洞口上方连梁高度不宜小于 250 mm。

8.3.3 装配整体式剪力墙的连梁不宜开洞；当需开洞时，洞口宜预埋套管，洞口上、下截面的有效高度不宜小于梁高的 1/3，且不宜小于 200 mm；被洞口削弱的连梁截面应进行承载力验算，洞口处应配置补强纵向钢筋和箍筋，补强纵向钢筋的直径不应小于 12 mm。

8.3.4 装配整体式剪力墙开有边长小于 800 mm 的洞口且在结构整体计算中不考虑其影响时，应沿洞口周边配置补强钢筋；补强钢筋的直径不应小于 12 mm，截面面积不应小于同方向被洞口截断的钢筋面积；该钢筋自孔洞边角算起，伸入墙内的长度不应小于 l_{aE}(图 8.3.4)。

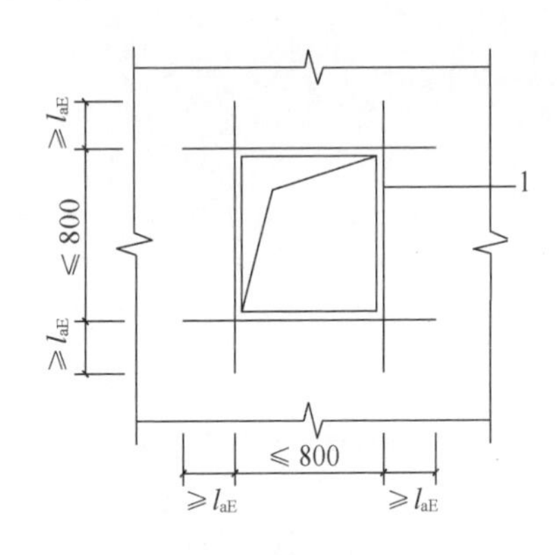

1—洞口补强钢筋

图 8.3.4 预制剪力墙洞口补强钢筋配置示意

8.3.5 当采用套筒灌浆连接时，自套筒底部至套筒顶部并向上延伸 300 mm 范围内，预制剪力墙的水平分布筋应加密(图 8.3.5)，加密水平分布筋的最大间距及最小直径应符合表 8.3.5 的规定，套筒上端第一道水平分布钢筋距离套筒顶部不应大于 50 mm。

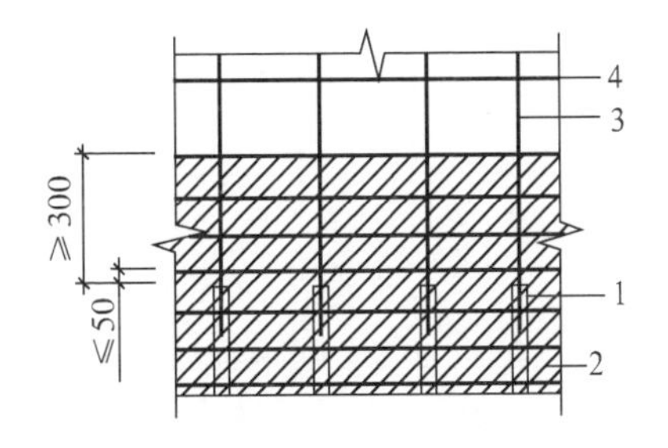

1—灌浆套筒；2—水平分布钢筋加密区域(阴影区域)；3—竖向钢筋；4—水平分布钢筋

图 8.3.5　钢筋套筒灌浆连接部位水平分布钢筋的加密构造示意

表 8.3.5　加密区水平分布钢筋的要求

抗震等级	最大间距(mm)	最小直径(mm)
一级	100	8
二、三、四级	150	8

8.3.6　端部无边缘构件的预制剪力墙，宜在端部配置 2 根直径不小于 12 mm 的竖向构造钢筋；沿该钢筋竖向应配置拉筋，拉筋直径不宜小于 6 mm、间距不宜大于 250 mm。

8.3.7　装配整体式剪力墙的其他构造设计应符合本标准第 6 章和本章的相关规定。

8.4　预应力叠合楼板装配整体式剪力墙构造设计

8.4.1　本节适用于楼盖采用预应力叠合板的装配整体式剪力墙结构的设计。

8.4.2　当预应力叠合楼板采用预制预应力空心板时，预制预应力空心板的端部最小支承长度 $a_{0\min}$ 应按下式计算：

$$a_{0\min}=\begin{cases}55\ \text{mm} & L\leqslant 10\ \text{m}\\ 80\ \text{mm} & 10\ \text{m}<L\leqslant 14.4\ \text{m}\\ 100\ \text{mm} & 14.4\ \text{m}<L\leqslant 18\ \text{m}\end{cases}\tag{8.4.2}$$

式中：L——预制预应力空心板的计算跨度。

当在支承长度无法满足时，板端应采取配置钢筋拉锚等加强措施。

8.4.3 预应力叠合空心楼板装配整体式剪力墙应符合下列构造要求：

1 剪力墙非边缘构件区竖向钢筋宜采用本标准第8.2.7条规定的单排连接构造，预应力空心板的拉结加强构造应符合图8.4.3的相关规定；当采用单排螺栓连接时，应符合图8.4.3的构造规定。

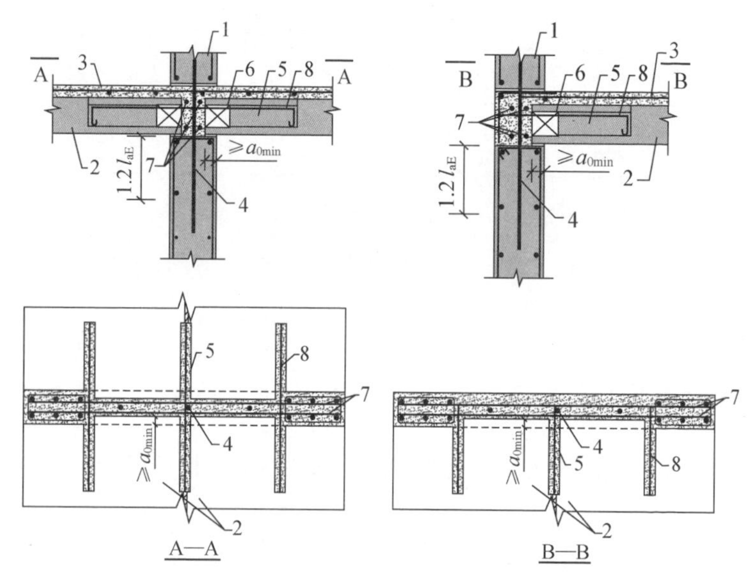

1—墙体；2—预应力空心板；3—叠合层；4—竖向连接钢筋；5—预应力空心芯孔预先开槽；6—细石混凝土堵头；7—加强筋；8—拉结筋

图8.4.3 预应力空心叠合楼板装配整体式剪力墙构造示意

2 边跨预应力叠合楼板装配整体式剪力墙的接缝构造宜符合本标准第8.2.2和第8.2.3条的规定。

3 预制预应力空心板不宜在剪力墙边缘构件区域搁置，在该区域内的预制预应力空心板应采取有效措施保证与剪力墙的可靠连接。

4 预应力空心板底端部与下层剪力墙交接处应设置不小于20 mm厚的垫块，垫块宜采用与坐浆层相同的材料。

5 在预应力空心板接缝和孔芯内应设置拉锚钢筋，拉锚钢筋间距不应大于600 mm，拉锚钢筋直径不应小于8 mm。孔芯应先开槽，开槽长度不应小于1 m。

6 预应力空心板端部孔芯内应采用细石混凝土堵头。

7 预应力空心板顶应设置粗糙面。

8 安装手孔宜采用微膨胀细石混凝土或灌浆料填实。

8.4.4 预应力叠合空心楼板装配整体式剪力墙的其他构造设计应符合本标准第6章和本章的相关规定。

8.5 装配整体式夹心保温剪力墙构造设计

8.5.1 本节适用于采用夹心保温构造的装配整体式剪力墙外墙的设计。

8.5.2 装配整体式夹心保温剪力墙应采用连接件将内叶和外叶墙板可靠连接。该连接件应同时具备良好的热工性能和力学性能，宜采用纤维增强复合材料筋(FRP)连接件或不锈钢连接件。当有可靠依据时，也可采用其他类型连接件。

8.5.3 装配整体式夹心保温剪力墙中的棒状和片状连接件宜采用矩形布置，桁架式连接件宜采用等间距布置。连接件间距按设计要求确定，连接件距墙体边缘的距离宜为100 mm～200 mm。当有可靠试验依据时，也可采用其他长度间距。

8.5.4 装配整体式夹心剪力墙中连接件的设计应符合本标准第10.2节的规定。

8.5.5 装配整体式夹心剪力墙的内、外叶墙板的构造设计应符合下列规定：

1 内叶墙板应按剪力墙进行设计，并应与相邻剪力墙形成可靠连接，连接设计应符合本标准第10.2节的相关规定。

2 外叶墙板按围护墙板设计，且与相邻外叶墙板不连接。

3 内、外叶墙板之间应设置不少于2根钢筋或2片钢预埋件连接。

8.5.6 当采用FRP连接件时，装配整体式夹心剪力墙的外叶墙板厚度一般不小于60 mm；当外侧采用面砖/石材等不燃材料按反打工艺做装饰面时，可取55 mm。连接件在墙体单侧混凝土板叶中的锚固长度不宜小于30 mm，其端部距墙板表面距离不宜小于25 mm。

8.5.7 装配整体式夹心剪力墙的保温层厚度不宜小于30 mm，且不宜大于120 mm。

9 框架-剪力墙结构设计

9.1 一般规定

9.1.1 本章适用于全装配整体式框架-剪力墙结构设计。

9.1.2 本标准另有规定外，全装配整体式框架-剪力墙结构的框架和剪力墙部分应分别符合本标准第7、8章的规定。

9.1.3 全装配整体式框架-剪力墙结构的结构布置、计算分析、截面设计及构造要求应符合现行国家标准《建筑抗震设计规范》GB 50010以及现行行业标准《高层建筑混凝土结构技术规程》JGJ 3的相关规定。

9.1.4 全装配整体式框架-剪力墙结构应设计成双向抗侧力体系；抗震设计时，结构两主轴方向均应布置剪力墙。

9.1.5 全装配整体式框架-剪力墙结构中，主体结构构件之间除个别节点外不应采用铰接；梁与柱或柱与剪力墙的中线宜重合。当梁柱中心线不能重合时，应在计算中考虑偏心对梁柱节点核心区受力和构造的不利影响。

9.1.6 抗震设计时，全装配整体式框架-剪力墙结构对应于地震作用标准值的各层框架总剪力应符合下列规定：

1 满足式(9.1.6)要求的楼层，其框架总剪力不必调整；不满足式(9.1.6)要求的楼层，其框架总剪力应按$0.25V_0$和$1.5V_{f,max}$二者的较小值采用。

$$V_f \geqslant 0.25V_0 \tag{9.1.6}$$

式中：V_0——对框架柱数量从下至上基本不变的结构，应取对应于地震作用标准值的结构底层总剪力；对框架柱数量从下至上分段有规律变化的结构，应取每段底层结构对应于地震作用标准值的总剪力。

V_f——对应于地震作用标准值且未经调整的各层（或某一段内各层）框架承担的地震总剪力。

$V_{f,ma}$——对框架柱数量从下至上基本不变的结构，应取对应于地震作用标准值且未经调整的各层框架承担的地震总剪力中的最大值；对框架柱数量从下至上分段有规律变化的结构，应取每段中对应于地震作用标准值且未经调整的各层框架承担的地震总剪力中的最大值。

2 各层框架所承担的地震总剪力按本条第1款调整后，应按调整前、后总剪力的比值调整每根框架柱与之相连框架梁的剪力及端部弯矩标准值，框架柱的轴力标准值可不予调整。

3 按振型分解反应谱法计算地震作用时，本条第1款所规定的调整可在振型组合之后且满足现行行业标准《高层建筑混凝土结构技术规程》JGJ 3 中关于楼层最小地震剪力系数的前提下进行。

9.2 连接与构造设计

9.2.1 当剪力墙墙肢与其平面外相交的框架梁刚接时，宜沿框架梁轴线方向设置与梁相连的扶壁柱或在墙内设置暗柱，并应符合下列规定：

1 当设置扶壁柱（图9.2.1-1）时，扶壁柱截面宽度不应小于梁宽，截面高度可计入墙厚。

2 当剪力墙内设置暗柱（图9.2.1-2）时，暗柱的截面高度可取墙的厚度，暗柱的截面宽度可取梁宽加2倍墙厚。预制剪力墙上应预留孔洞，孔洞的宽度取暗柱的宽度，孔洞的高度取预制梁的高度。

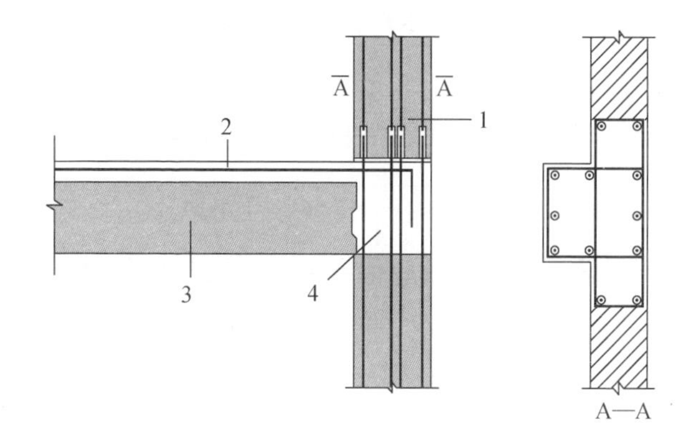

1—预制剪力墙;2—梁纵筋;3—预制梁;4—现浇节点核心区

图 9.2.1-1 预制剪力墙上设置扶壁柱

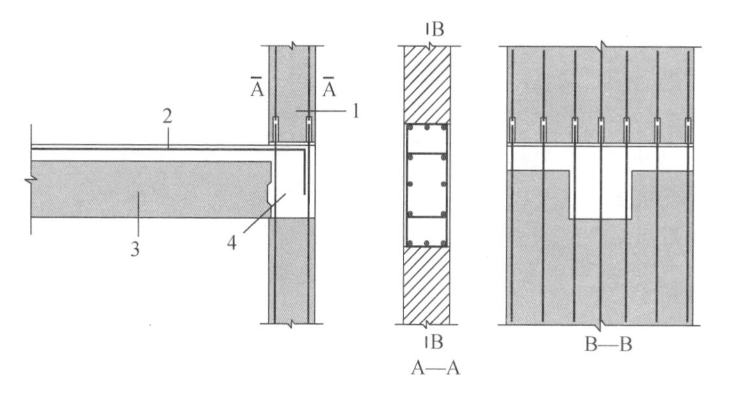

1—预制剪力墙;2—梁纵筋;3—预制梁;4—现浇节点核心区

图 9.2.1-2 预制剪力墙内设置暗柱

3 应通过计算确定暗柱或扶壁柱的纵向钢筋,纵向钢筋的总配筋率不宜小于表 9.2.1 的规定。

表 9.2.1 暗柱、扶壁柱纵向钢筋的构造配筋率

设计状况	抗震设计				非抗震设计
	一级	二级	三级	四级	
配筋率(%)	0.9	0.7	0.6	0.5	0.5

注:采用 400 MPa、335 MPa 级钢筋时,表中数值宜分别增加 0.05 和 0.10。

4 楼面梁的水平钢筋应伸入剪力墙或扶壁柱,伸入长度应符合钢筋锚固要求。钢筋锚固段的水平投影长度不宜小于 $0.4l_{abE}$。当锚固段的水平投影长度不满足要求时,可将楼面梁伸出墙面形成梁头,梁的纵筋伸入梁头后弯折锚固,也可采取其他可靠的锚固措施。

5 暗柱或扶壁柱应设置箍筋,箍筋直径,一、二、三级时不应小于 8 mm,四级及非抗震时不应小于 6 mm,且均不应小于纵向钢筋直径的 1/4;箍筋间距,一、二、三级时不应大于 150 mm,四级及非抗震时不应大于 200 mm。

9.2.2 当剪力墙墙肢与其平面内相交的框架梁刚接时(图 9.2.2),框架梁与剪力墙的截面宽度宜相同,框架梁与剪力墙宜通过现浇节点核心区形成可靠连接;现浇节点核心区的长度 a 宜与预制剪力墙中暗柱或边缘构件长度相同,且应满足框架梁底部纵向受力钢筋的锚固要求,现浇节点核心区的高度 h 宜与预制梁的截面高度相同。

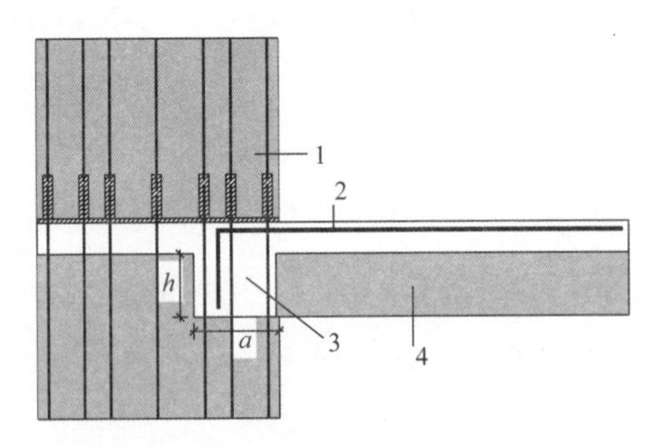

1—预制剪力墙;2—梁纵筋;3—现浇节点核心区;4—预制梁

图 9.2.2 剪力墙和框架梁平面内连接

10 预制外挂墙板设计

10.1 一般规定

10.1.1 预制外挂墙板的保温构造主要包括内保温、外保温及夹心保温三种形式。装配整体式公共建筑的预制外挂墙宜采用夹心保温构造。本章适用于新建、扩建和改建公共建筑中有关仅起围护作用的预制外挂墙及其连接的设计计算。除本章规定外，预制外挂墙板及其连接设计尚应符合现行行业标准《预制混凝土外挂墙板应用技术标准》JGJ/T 458 的相关要求。

10.1.2 预制外挂墙板与主体结构宜采用可靠的柔性连接，连接节点应具有足够的承载力和适应主体结构变形的能力，并应采用可靠的防腐、防锈和防火措施。预制外挂墙板及其与主体结构的连接节点应进行抗震设计。

10.1.3 预制外挂墙板和连接节点进行分析时可采用线性弹性方法，其计算简图应符合实际受力状态。

10.1.4 对预制外挂墙板和连接节点进行承载力验算时，其结构重要性系数 γ_0 应取不小于 1.0，连接节点承载力抗震调整系数 γ_{RE} 应取 1.0。

10.1.5 预制外挂墙板的平均传热系数及热惰性指标应满足现行行业标准《夏热冬冷地区居住建筑节能设计标准》JGJ 134 和现行上海市工程建设规范《住宅建筑围护结构节能应用技术规程》DG/TJ 08—206 的相关要求。

10.2 墙板设计

10.2.1 预制外挂墙板宜按围护结构进行设计。在进行结构设计计算时，不考虑分担主体结构所承受的荷载和作用，只考虑承受直接施加于外墙上的荷载与作用。

10.2.2 进行预制外挂墙板及连接节点的承载力计算时，荷载组合的效应设计值应符合下列规定：

1 持久设计状况

当风荷载效应起控制作用时：

$$S=\gamma_G S_{Gk}+\gamma_w S_{wk} \tag{10.2.2-1}$$

当永久荷载效应起控制作用时：

$$S=\gamma_G S_{Gk}+\Psi_w \gamma_w S_{wk} \tag{10.2.2-2}$$

2 地震设计状况

在水平地震作用下：

$$S=\gamma_G S_{Gk}+\gamma_{Eh} S_{Ehk}+\Psi_w \gamma_w S_{wk} \tag{10.2.2-3}$$

在竖向地震作用下：

$$S=\gamma_G S_{Gk}+\gamma_{Ev} S_{Evk} \tag{10.2.2-4}$$

上列式中：S——基本组合的效应设计值；

S_{Eh}——水平地震作用组合的效应设计值；

S_{Ev}——竖向地震作用组合的效应设计值；

S_{Gk}——永久荷载的效应标准值；

S_{wk}——风荷载的效应标准值；

S_{Ehk}——水平地震作用组合的效应标准值；

S_{Evk}——竖向地震作用组合的效应标准值；

γ_G——永久荷载分项系数，按本标准第10.2.3条规定取值；

γ_w——风荷载分项系数，取1.4；

γ_{Eh}——水平地震作用分项系数，取1.3；

γ_{Ev}——竖向地震作用分项系数，取1.3；

Ψ_w——风荷载组合系数，在持久设计状况下取 0.6，地震设计状况下取 0.2。

10.2.3 在持久设计状况、短暂设计状况、地震设计状况下，进行预制外挂墙板和连接节点的承载力设计时，永久荷载分项系数 γ_G 应按下列规定取值：

1 进行外挂墙板平面外承载力设计时，γ_G 应取为 0；进行外墙平面内承载力设计时，γ_G 应取为 1.3。

2 进行连接节点承载力设计时，在持久设计状况、短暂设计状况下，当风荷载效应起控制作用时，γ_G 应取 1.3，当永久荷载效应起控制作用时，γ_G 应取 1.35；在地震设计状况下，γ_G 应取 1.3。当永久荷载效应对连接节点承载力有利时，γ_G 应取 1.0。

10.2.4 计算预制外挂墙板的地震作用标准值时，可采用等效侧力法，并应按下式计算：

$$q_{Ek}=\beta_E\alpha_{max}G_k/A \tag{10.2.4}$$

式中：q_{Ek}——分布水平地震作用标准值（kN/m^2），当验算连接节点承载力时，连接节点地震作用效应标准值应乘以 2.0 的增大系数；

β_E——动力放大系数，不应小于 5.0；

α_{max}——水平多遇地震影响系数最大值，应符合现行国家标准《建筑抗震设计规范》GB 50011 的有关规定；

G_k——外挂墙板的重力荷载标准值（kN）；

A——外挂墙板的平面面积（m^2）。

10.2.5 竖向地震作用标准值可取水平地震作用标准值的 0.65 倍。

10.2.6 预制外挂墙板的极限承载力应根据试验确定，试验方法参照现行国家标准《混凝土结构试验方法标准》GB 50152。外挂墙板的挠度按弹性方法计算，开裂后外挂墙板的抗弯刚度计算时不考虑受拉开裂侧墙板混凝土的作用。

10.3 连接件设计

10.3.1 本节适用于预制夹心保温外挂墙板连接件的设计。

10.3.2 连接件应满足墙板热工性能要求，并应具有可靠的力学性能。连接件宜采用纤维增强复合材料筋(FRP)连接件和不锈钢连接件。当有可靠依据时，也可采用其他类型连接件。

10.3.3 棒状和片状连接件宜采用矩形布置，桁架式连接件宜采用等间距布置。连接件间距按设计要求确定，连接件距墙体边缘的距离宜为 100 mm～200 mm。当有可靠试验依据时，也可采用其他长度间距和边端距。

10.3.4 FRP 连接件宜采用片状和棒状形式。单个 FRP 连接件的抗拔承载力和抗剪承载力宜根据试验确定，并考虑环境影响和蠕变断裂的影响。

10.3.5 不锈钢连接件宜采用棒状、片状、针状和桁架形式。单个(片)不锈钢连接件的抗拔承载力和抗剪承载力宜根据试验确定，并考虑一定的安全系数后取用。

10.4 构造要求

10.4.1 预制外挂墙板的高度不宜大于一个层高，不应跨越主体结构的变形缝，并采取防止外叶板坠落的构造措施。

10.4.2 预制外挂墙板宜采用双层、双向配筋，竖向和水平钢筋的配筋率均不应小于 0.15%，且钢筋直径不宜小于 5 mm，间距不宜大于 200 mm。

10.4.3 当采用 FRP 连接件时，预制夹心保温外挂墙板的内、外叶墙板厚度一般不小于 60 mm；当外叶墙板外侧采用面砖/石材等不燃材料按反打工艺做装饰面时，可取 55 mm。连接件在墙体单侧混凝土板叶中的锚固长度不宜小于 30 mm，其端部距墙板表面距离不宜小于 25 mm。

10.4.4 预制外挂墙板间接缝的构造应符合下列要求：

1 接缝构造应能满足防水、防火、隔声、环保等功能要求。

2 接缝的宽度应满足主体结构层间变形、密封材料变形能力、施工误差、温差引起变形等的要求，且不应小于 15 mm。

本标准用词说明

1 为了便于在执行本标准条文时区别对待，对要求严格程度不同的用词说明如下：

1）表示很严格，非这样做不可的用词：
正面词采用“必须”；
反面词采用“严禁”。

2）表示严格，在正常情况下均应这样做的用词：
正面词采用“应”；
反面词采用“不应”或“不得”。

3）表示允许稍有选择，在条件许可时首先这样做的用词：
正面词采用“宜”；
反面词采用“不宜”。

4）表示有选择，在一定条件下可以这样做的用词，采用“可”。

2 标准中指定应按其他相关标准、规范执行时，写法为：“应符合……的规定”或“应按……执行”。

引用标准名录

1 《碳素结构钢冷轧钢带》GB 716
2 《高分子防水材料　第2部分:止水带》GB 18173.2
3 《建筑结构荷载规范》GB 50009
4 《混凝土结构设计规范》GB 50010
5 《建筑抗震设计规范》GB 50011
6 《建筑防火设计规范》GB 50016
7 《钢结构设计规范》GB 50017
8 《建筑物防雷设计规范》GB 50057
9 《建筑结构可靠性设计统一标准》GB 50068
10 《混凝土结构试验方法标准》GB 50152
11 《公共建筑节能设计标准》GB 50189
12 《建筑内部装修设计防火规范》GB 50222
13 《民用建筑工程室内环境污染控制标准》GB 50325
14 《钢结构焊接规范》GB 50661
15 《混凝土结构工程施工规范》GB 50666
16 《民用建筑电气设计标准》GB 51348
17 《工程结构设计基本术语和通用符号》GBJ 132
18 《水泥化学分析方法》GB/T 176
19 《连续热镀锌和锌合金镀层钢板及钢带》GB/T 2518
20 《预应力混凝土用钢绞线》GB/T 5224
21 《建筑外门窗气密、水密、抗风压性能检测方法》GB/T 7106
22 《硅酮和改性硅酮建筑密封胶》GB/T 14683
23 《建筑幕墙》GB/T 21086
24 《建筑模数协调标准》GB/T 50002

25 《普通混凝土拌合物性能试验方法标准》GB/T 50080
26 《工程结构设计基本术语标准》GB/T 50083
27 《水泥基灌浆材料应用技术规范》GB/T 50448
28 《装配式混凝土结构技术规程》JGJ 1
29 《高层建筑混凝土结构技术规程》JGJ 3
30 《钢筋焊接及验收规程》JGJ 18
31 《无粘结预应力混凝土结构技术规程》JGJ 92
32 《玻璃幕墙工程技术规范》JGJ 102
33 《钢筋机械连接技术规程》JGJ 107
34 《钢筋焊接网混凝土结构技术规程》JGJ 114
35 《型钢混凝土组合结构技术规程》JGJ 138
36 《预应力混凝土结构抗震设计规程》JGJ 140
37 《混凝土异形柱结构技术规程》JGJ 149
38 《钢筋锚固板应用技术规程》JGJ 256
39 《高强混凝土应用技术规程》JGJ/T 281
40 《预应力混凝土用金属波纹管》JG 225
41 《钢筋连接用灌浆套筒》JG/T 398
42 《钢筋连接用套筒灌浆料》JG/T 408
43 《混凝土建筑接缝用密封胶》JC/T 881
44 《建筑抗震设计规程》DGJ 08—9
45 《建筑幕墙工程技术标准》DG/TJ 08—56
46 《公共建筑节能设计标准》DGJ 08—107
47 《预制混凝土夹心保温外墙板应用技术标准》DG/TJ 08—2158

上海市工程建设规范

装配整体式混凝土公共建筑设计标准

DG/TJ 08—2154—2022
J 12874—2022

条 文 说 明

2024　上海

目　次

Contents

1 总 则

1.0.1～1.0.3 本标准适用于上海地区的装配整体式混凝土公共建筑的设计，包括商业、办公、旅馆、学校和医院等。此外，养老设施建筑的设计也可按本标准执行。但对于采用超重混凝土结构和防辐射混凝土结构的公共建筑，以及有耐酸（碱）要求的公共建筑，本标准尚不适用。此外，目前国内针对混凝土强度等级为C60及以上的装配整体式混凝土结构的试验研究与工程应用较少。因此，当装配整体式混凝土公共建筑采用C60及以上强度等级的混凝土时，尚应提供可靠的试验依据。

2 术语和符号

2.1 术 语

术语主要根据现行国家、行业和本市相关标准，并结合本标准中的内容给出。

2.2 符 号

符号主要根据现行国家标准《工程结构设计基本术语标准》GB/T 50083、《工程结构设计基本术语和通用符号》GBJ 132、《建筑结构可靠性设计统一标准》GB 50068、《建筑结构荷载规范》GB 50009，并结合本标准中的内容给出。

3 基本规定

3.0.1 装配整体式结构与现浇混凝土结构的设计和施工过程有一定区别。对装配整体式结构，建设、设计、施工、制备各方在方案阶段就需要进行协同工作，共同对建筑平面和立面根据标准化原则进行优化，对应用预制构件的技术可行性和经济性进行论证，共同进行整体策划，提出最佳方案。与此同时，建筑、结构、设备、装修等各专业也应密切配合，对预制构件的尺寸和形状、节点构造等提出具体技术要求，并对制作、运输、安装和施工全过程的可行性以及造价等作出预测。此项工作对建筑功能和结构布置的合理性，以及对工程造价等都会产生较大的影响，是十分重要的。

3.0.2 装配式建筑的建筑设计应进行模数协调，以满足建造装配化与部品部件标准化、通用化的要求。标准化设计是实施装配式建筑的有效手段，没有标准化就不可能实现结构系统、外围护系统、设备与管线系统以及内装系统的一体化集成，而模数和模数协调是实现装配式建筑标准化设计的重要基础，涉及装配式建筑产业链上的各个环节。少规格、多组合是装配式建筑设计的重要原则，减少部品部件的规格种类及提高部品部件模板的重复使用率，有利于部品部件的生产制造与施工，有利于提高生产速度和工人的劳动效率，从而降低造价。

3.0.3 装配整体式结构的设计首先应符合现行国家、行业和本市相关标准的各项要求。

装配整体式结构的设计，应注重概念设计和结构分析模型的建立，以及预制构件的连接设计。本标准对于装配整体式结构设计的主要概念，是在选用可靠的预制构件连接技术的基础上，采用预制构件与后浇混凝土相结合的方法，通过连接节点合理的构造措施，将装配整体式结构连接成一个整体，保证其结构性能具有与现浇混凝土结构等同的延性、承载力和耐久性能，达到与现浇混凝土等同的效果。

装配整体式结构的关键受力部位是预制构件之间以及预制构件与现浇和后浇混凝土之间的连接部位。连接构造不仅应满足结构的力学性能，而且应满足建筑物理性能的要求。

3.0.4 预制构件中一般设有预留孔洞、预埋件等。因此，装配整体式结构的施工图完成后，还需要进行预制构件的深化设计，以便于预制构件的加工制作。

4 材 料

4.1 混凝土、钢筋和钢材

4.1.2 实现建筑工业化的目的之一是提高建筑工程质量。因此，首先应从源头上要求预制构件的混凝土强度等级不宜低于C30。由于现浇混凝土的质量控制难度高于预制混凝土的质量控制，故要求现浇混凝土的强度等级不应低于C30。

4.1.4 根据"四节一环保"要求，推广应用具有较好延性、可焊性、机械连接性能及施工适应性的HRB系列的普通热轧带肋钢筋，提倡应用高强、高性能钢筋。因此，本次修订增加HRB600和HRB600E高强热轧带肋钢筋。

4.1.5 采用钢筋焊接网的形式有利于节省材料、方便施工、提高工程质量。随着建筑工业化的推进，应鼓励推广预制混凝土构件中配筋采用钢筋专业化加工配送的方式。

4.1.6 为了达到节约材料、方便施工、吊装可靠的目的，并避免外露金属件的锈蚀，预制构件的吊装方式宜优先采用内埋式螺母或吊杆，其材料应根据相应的产品标准和应用技术文件选用。

4.2 连接材料

4.2.1～4.2.3 钢筋套筒灌浆连接的工作机理：灌浆套筒内灌浆料有较高的抗压强度，同时自身还具有微膨胀特性。当它受到灌浆套筒的约束作用时，在灌浆料与灌浆套筒内侧筒壁间产生较大的正向应力，钢筋借此正向应力在其带肋的粗糙表面产生摩擦力，从而传递钢筋轴向应力。因此，套筒应具有较大的刚度和较小的变形能力，灌浆料应具有高强、早强、无收缩和微膨胀等基本特性，以使其能与套筒、被连接钢筋更有效地结合在一起共同工作，同时满足装配式结构快速施工的要求。

4.2.4 钢筋浆锚搭接连接，是钢筋在预留孔洞中完成搭接连接的方式。这项技术的关键在于孔洞的成型技术、灌浆料的质量以及对被搭接钢筋形成约束的方法等。本标准编制组已完成一系列相关试验研究和工程实践。本条是在本标准编制组研究成果的基础上，对采用钢筋浆锚搭接连接接头时，所用灌浆料的各项主要性能指标提出要求。

4.2.8 钢筋套筒灌浆连接接头或钢筋机械连接接头的构造要求应与所采用的钢筋性能相匹配。目前，市场上的钢筋套筒灌浆连接接头或钢筋机械连接接头匹配 HRB500 钢筋技术已经成熟，但现有相关标准均未提及采用 HRB600 和 HRB600E 钢筋时钢筋套筒灌浆连接接头或钢筋机械连接接头的构造要求。因此，当预制构件采用 HRB600 和 HRB600E 钢筋时，钢筋套筒灌浆连接接头或钢筋机械连接接头构造要求应通过专门试验确定，以保证结构的安全性。

4.2.10，4.2.11 装配整体式结构预制构件的连接方式，根据建筑物不同的层高、不同的抗震设防烈度等条件，可采用许多不同的形式。当建筑物层数较低时，可采用钢筋锚固板、预埋件等进行连接的方式。其中，钢筋锚固板、预埋件和连接件，连接用焊接材料，螺栓、锚栓和铆钉等紧固件，应分别符合国家现行有关标准的规定。

4.2.13 装配整体式夹心保温剪力墙板和夹心保温外挂墙板集承重、保温、防水、防火、装饰等多项功能于一体，在欧美等发达国家得到广泛的应用，在我国也得到越来越多的推广。

连接件是保证装配整体式夹心保温剪力墙板和夹心保温外挂墙板的内、外叶墙板可靠连接的重要部件，因此应符合国家和本市现行相关标准的规定。

4.3 保温、防水材料

4.3.2 外墙板接缝应采用材料防水和构造防水相结合的做法。防水密封胶是外墙板缝防水的第一道防线，其性能直接关系工程防水效果。考虑混凝土外立面受阳光照射以及板缝张合等因素，应当关注防水密封胶的耐候性、变形性以及与混凝土的相容性能。

4.4 其他材料

4.4.3 当石材饰面采用反打一次成型工艺时，由于石材较重，需在石材背面设置卡钩将其锚固于混凝土中，因此本条要求石材还需满足反打工艺对材质、尺寸等方面的要求。

4.4.5 不同厂家或同一厂家不同产地的产品，都会存在质量差异。为了保证建筑幕墙安全可靠并满足使用功能要求，建筑幕墙材料应符合现行国家、行业和本市相关标准的规定。

统计资料表明，在火灾中造成人员伤亡的主要原因之一是烟雾中的有毒气体。因此，建筑幕墙应避免使用燃烧后或高温环境下产生有毒有害气体的材料。

5 建筑设计

5.1 一般规定

5.1.1 本条强调装配整体式混凝土公共建筑设计应通过采用结构系统、外围护系统、内装系统、设备与管线系统的装配化集成技术来体现其工业化的优越性。从实现建筑长寿化和可持续发展理念出发，装配整体式混凝土公共建筑鼓励采用主体结构与设备管线分离的技术体系(即 SI 技术体系)，从而实现结构耐久性、室内空间布置灵活性以及室内装修可更新性的有机协调。

5.2 建筑模数

5.2.1 装配整体式混凝土公共建筑应采用模数来协调结构构件、内装部品、设备与管线之间的尺寸关系，做到部品部件设计、生产和安装等相互间尺寸协调，减少和优化各部品部件的种类和尺寸。

5.2.2 本条主要参照现行国家标准《建筑模数协调标准》GB/T 50002 的相关条文制定，强调了在装配整体式混凝土公共建筑中基本模数数列、扩大模数数列、分模数数列的适用范围。

5.2.4 对于框架结构体系，宜采用中心定位法。框架结构柱子间设置的分户墙和分室隔墙，一般宜采用中心定位法；当隔墙的一侧或两侧要求模数空间时，宜采用界面定位法。

门窗、栏杆、百叶等外围护部品，应采用模数化的工业产品，并与门窗洞口、预埋节点等的模数规则相协调，宜采用界面定位法。

5.2.5 部品部件的尺寸配合主要指部品部件的标志尺寸、制作尺寸和实际尺寸三者的配合，制作尺寸为标志尺寸减去节点或接口尺寸；节点和接口尺寸应满足节点和接口功能要求性要求，同时要包容部品部件实际存在的偏差；实际尺寸应满足制作尺寸允许偏差的上限与下限要求。

5.3 平面、立面设计

5.3.1 平面设计的规则性有利于结构的安全，符合建筑抗震设计规范的要求，并可以减少部品部件的类型，降低生产安装的难度，有利于经济的合理性。因此，应尽量减少平面的凸凹变化，避免不必要的不规则和不均匀布局。合理规整的平面会使建筑外表面积得到有效控制，可以有效减少能量流失，有利于达到建筑节能减排、绿色环保的要求。

模块化是标准化设计的一种方法。模块化设计应满足模数协调的要求，通过模数化和模块化的设计为工厂化生产和装配化施工创造条件。

5.3.2 外围护系统的立面设计应结合装配整体式混凝土公共建筑的特点，通过基本单元装饰构件的组合、装饰构件色彩变化等方法，满足建筑外立面美观的要求。

预制外墙板的饰面材料采用面砖、石材等，其外墙饰面材料与预制外墙板的粘结强度等技术指标应满足现行行业标准《外墙饰面砖工程施工及验收规程》JGJ 126、《保温装饰板外墙外保温系统材料》JG/T 287 等相关标准的要求。

面砖饰面、石材饰面等预制外墙板应采用反打一次成型工艺制作，不应采用后贴面砖、后挂石材的方法，以确保饰面材料的质量和粘结（连接）性能满足设计要求；反打工艺应选用背面设燕尾槽的面砖；石材饰面应采用可靠的连接件与混凝土墙板连接，并应事先做好整体防护处理，防止污染。

5.4 结构系统

5.4.1 预制构配件合理的接缝位置以及尺寸和形状的设计是十分重要的，它对建筑功能、建筑平立面、结构受力状况、预制构配件承载能力、工程造价等都会产生一定的影响。设计时，应同时满足建筑模数协调、建筑物理性能、结构和预制构配件的承载能力、便于施工和进行质量控制等多项要求。同时应尽量减少预制构配件的种类，保证模板能够多次重复使用，以降低造价。

5.5 外围护系统

5.5.1 不同类型的外墙围护系统具有不同的特点，按照外墙围护系统在施工现场有无骨架组装的情况，分为预制外墙类、现场组装骨架外墙类和建筑幕墙类。

5.5.2 预制外墙类外墙围护系统在施工现场无骨架组装工序，根据外墙板的建筑立面特征又细分为整间板体系和条板体系。其中，条板可采用横条板或竖条板的安装方式。

5.5.4 建筑外围护的斜向板拼接将形成斜缝，根据防水构造原理及施工状况，本条对斜缝与水平面夹角小于30°和大于等于30°的情况作出规定；根据工程经验及相关技术文献，规定适宜的板缝宽度及材料防水嵌缝深度，并对预制外墙板的接缝形式作出规定(图1～图3)。

预制外墙板接缝采用材料防水时，必须使用防水性能、耐候性能优良的建筑密封胶作嵌缝材料，以保证预制外墙板接缝防排水效果和使用年限，板缝宽度应综合结构变形量以及防水构造要求确定，一般不宜大于20 mm，材料防水的嵌缝深度不得小于8 mm。外墙板严禁保温层渗水形成通缝。

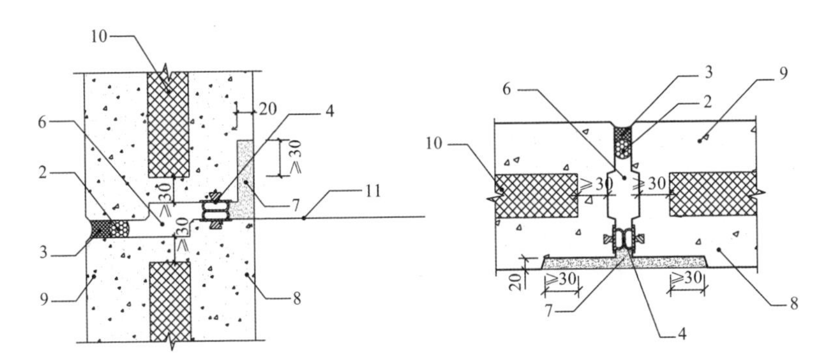

图 1　预制夹心外墙板水平构造防水缝示意

图 2　预制夹心外墙板竖向构造防水缝示意

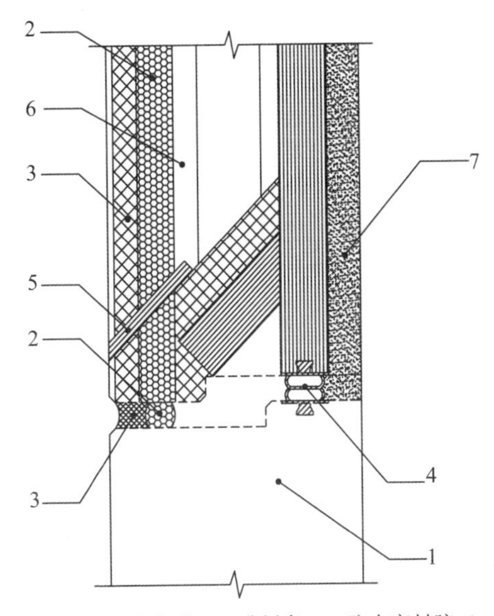

图 1～图 3 注：1—现浇部分；2—背衬条；3—防水密封胶；4—止水条；
5—排水管；6—减压空仓；7—无机保温砂浆；8—内叶板；
9—外叶板；10—保温材料；11—室内标高完成面

图 3　预制夹心外墙板竖缝导水管构造示意

5.5.8 根据试验结果,未采取防火封堵构造的预制外墙板接缝成为防火的薄弱环节。本条参考现行国家标准《建筑防火设计规范》GB 50016 的相关条文编写,水平缝的连续密封长度参考紧靠防火墙两侧的门窗洞口之间最近边缘的水平距离确定,竖缝的连续密封长度参考相邻两个楼层的门窗洞口之间最近边缘的垂直距离确定。

建筑缝隙防火封堵设计应符合现行国家标准《建筑防火封堵应用技术标准》GB/T 51410 的要求。

5.5.9 门窗洞口与外门窗框接缝是节能及防渗漏的薄弱环节,将门窗框直接在工厂预装在预制外墙板上,其优点是质量可靠,减少了门窗的现场安装工序。

5.5.10 根据工程实践,在预制女儿墙板内侧设置现浇叠合内衬墙,有利于与现浇屋面楼板形成整体式的防水构造(图 4)。

5.5.11 装配整体式混凝土公共建筑屋面应形成连续的完全封闭的防水层,选用耐候性好、适应变形能力强的防水材料。防水材料应能够承受因气候条件等外部因素作用引起的老化,防水层不会因基层的开裂和接缝的移动而损坏破裂。

找平层是为防水层设置符合防水材料工艺要求且坚实而平整的基层,找平层应具有一定的厚度和强度。预制混凝土屋面板应采取增强结构整体刚度的措施,采用细石混凝土找平层;基层刚度较差时,宜在混凝土内加钢筋网片。

5.5.12 本条鼓励采用集成保温功能的预制外墙体系,减少现场湿作业。内表面结露会造成围护结构材料受潮,影响保温,也影响室内环境。因此,热桥部位应采取保温措施,防止结露。

5.5.13 装配整体式混凝土公共建筑宜采用夹心保温系统。预制夹心外墙保温板边缘有采用混凝土封边和不采用混凝土封边两种方式,不同方式保温材料的计算修正系数不同。保温材料的热工计算参数应按照现行上海市工程建设规范《预制混凝土夹心保温外墙板应用技术标准》DG/TJ 08—2158 的要求取值。

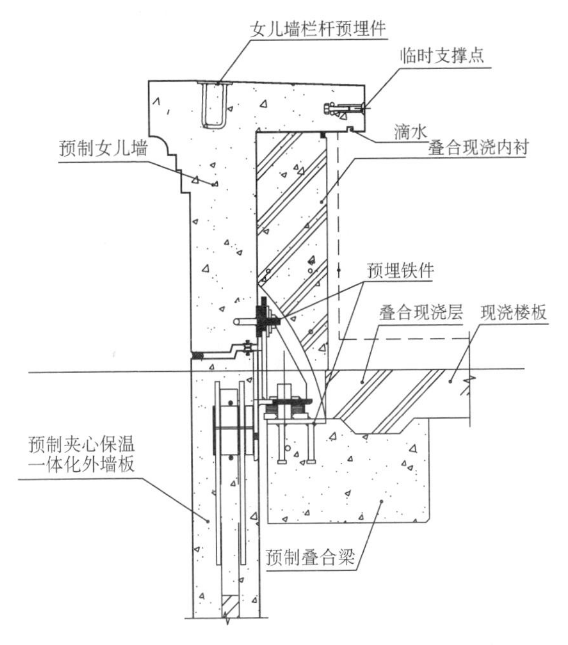

图4　预制女儿墙板现浇叠合内衬构造示意

采用轻质和高效保温层，保证保温层的连续性对保温效果影响显著。对于穿透保温层的连接件，应采用可靠的防腐措施。

5.5.14　由于集成保温功能的预制外墙为保温一体化的建筑构件，当其与梁、板、柱等其他建筑构件连接时，连接处作为确保保温连续的关键环节，应采取处理措施，避免此处形成热桥，产生内部结露而抵消预制外墙的保温性能。

5.5.15　外门窗作为热工设计的关键部位，其热传导占整个外墙传热的比例很大。为了保证建筑节能，要求外窗具有良好的气密性能，以避免冬季室外空气过多地向室内渗漏。随着外门窗本身保温性能的不断提高，门窗框与墙体之间缝隙成了保温的一个薄弱环节。预制混凝土外墙板可将门窗与墙体的安装过程在工厂同步完成，在加工过程中更好地保证门窗洞口与框之间的密闭性。

5.6 内装系统

5.6.2 建立统一的模数协调网格有利于指导部品部件的规模化生产，通过部品的标准化、系列化、配套化，实现内装部品、厨卫部品、设备部品和智能化部品等产业化集成。

5.6.3 装配式建筑的内装设计与传统内装设计的区别之一就是部品选型的概念，部品是装配式建筑的组成基本单元，具有标准化、系列化、通用化的特点。装配式建筑的内装设计更注重通过对标准化、系列化的内装部品选型来实现内装的功能和效果。

5.6.4 非承重内隔墙应采用自重轻的材料，同时应满足不同使用功能房间的隔声要求。有防水、防潮要求的部位的内隔墙应满足防水要求；附着于内隔墙的各类设备支架与墙体应有可靠连接；所有内隔墙均应满足国家现行建筑设计防火规范对其耐火性能的要求。装配整体式混凝土公共建筑推荐采用轻质条板内隔墙，轻质条板内隔墙应符合现行行业标准《建筑隔墙用轻质条板通用技术要求》JG/T 169 和《建筑轻质条板隔墙技术规程》JGJ/T 157 的要求。

5.6.6 除了在预制构件上预留埋件的方法以外，其他常用的方法有膨胀螺栓、自攻螺丝、钉接、粘接等固定方法。由于预制构件的强度较高，利用工具敲击构件时容易发生脆性破坏，导致构件失去既有功能。因此，采用其他方法安装时，应在预制构件受力允许范围内，且不得剔凿预制构件及其现浇节点，影响结构安全。

5.6.7 采用管线分离时，室内管线的敷设通常是设置在墙、地面架空层、吊顶或轻质隔墙空腔内，将内装部品与室内设备管线进行集成设计，可提高部品集成度和安装效率，责任划分也更加明确。

5.7 建筑设备与管线

5.7.1 本条提倡采用主体结构构件、内装部品和设备管线三部分装配化集成技术，实现室内装修、设备管线与主体结构的分离。

5.7.4 预制建筑的管线综合工作非常重要，预制构件在现场随意开孔开槽可能会影响到结构安全。因此，建议在结构深化设计以前，采用包含BIM技术在内的多种技术手段开展三维管线综合设计，对管线在预制构件上预留的套管、开孔、开槽等做好精细化的设计以及定位，减少错漏碰缺等设计错误，减少现场返工。

5.7.6 当采用排水集水器时，应设置在本层架空地板处，同时应方便检修。排水集水器管径规格由计算确定。积水的排出宜设置独立的排水系统或采用间接排水方式。

6 结构设计基本要求

6.1 一般规定

6.1.1 装配整体式公共建筑的最大适用高度参照现行行业标准《高层建筑混凝土结构技术规程》JGJ 3 中的规定，并适当调整。根据国内外多年的研究成果，对于竖向构件全部现浇且楼盖采用叠合梁板的装配整体式框架结构，其结构性能等同于现浇混凝土结构，故其最大适用高度可按现行行业标准《高层建筑混凝土结构技术规程》JGJ 3 中的规定采用；装配整体式框架-现浇剪力墙（核心筒）结构中，装配整体式框架的性能与现浇框架等同，故其适用高度与现浇的框架-剪力墙（核心筒）结构相同；对于全装配整体式框架-剪力墙结构，本标准编制组对一榀 1/3 缩尺三层三跨的全装配整体式混凝土框架-剪力墙子结构（原型结构 120 m，设防烈度 7 度）开展了拟动力试验，探究该结构在不同地震波下的抗震性能，试验结果表明，该结构能够满足“小震不坏、中震可修、大震不倒”的设防目标。对于装配整体式剪力墙结构和装配整体式部分框支剪力墙结构，墙体之间的接缝数量多且构造复杂，接缝的构造措施及施工质量对结构整体的抗震性能影响较大，本标准从严要求，与现浇结构相比适当降低其最大适用高度；当预制剪力墙数量较多时，即预制剪力墙承担的底部剪力较大时，对其最大适用高度限制更加严格。对于最大高度超过本条规定的装配整体式公共建筑，应按相关规定进行专项审查复核。对于抗震安全性和使用功能有较高要求或专门要求的装配整体式公共建筑，可采用隔震与消能减震技术。

6.1.2 装配整体式结构最大高宽比参照现行行业标准《高层建

筑混凝土结构技术规程》JGJ 3 中的规定。

6.1.3 丙类装配整体式公共建筑的抗震等级参照现行行业标准《装配式混凝土结构技术规程》JGJ 1 中的规定制定。装配整体式框架结构、装配整体式框架-现浇剪力墙结构和全装配整体式框架-剪力墙结构的抗震等级与现浇结构相同;装配整体式剪力墙结构和部分框支剪力墙结构的抗震等级从严要求,比现浇结构适当提高。

6.1.4 乙类装配整体式公共建筑的抗震设计要求参照现行国家标准《建筑抗震设计规范》GB 50011 和现行行业标准《高层建筑混凝土结构技术规程》JGJ 3 中的规定制定。

6.1.5,6.1.6 装配整体式结构的平面及竖向布置要求应不低于现浇混凝土结构。装配整体式结构不宜采用底部大开间的剪力墙结构。特别不规则的建筑会出现各种非标准的构件,且在地震作用下内力分布复杂,不宜采用装配整体式结构。

6.1.7 装配整体式结构抗震性能设计应根据结构方案的特殊性选用适宜的抗震性能目标,并应论证结构方案能够满足抗震性能目标预期要求。

6.1.8 震害调查表明,有地下室的高层建筑破坏比较轻,而且有地下室对提高地基的承载力有利;高层建筑设置地下室,可以提高其在风、地震作用下的抗倾覆能力。因此,高层建筑装配整体式混凝土结构宜按照现行行业标准《高层建筑混凝土结构技术规程》JGJ 1 的有关规定设置地下室。当地下室顶板作为上部结构的嵌固部位时,宜采用现浇混凝土以保证其嵌固作用。对嵌固作用没有直接影响的地下室结构构件,当有可靠依据时,也可采用预制混凝土。高层建筑装配整体式剪力墙结构和部分框支剪力墙结构的底部加强部位是结构抵抗罕遇地震的关键部位。弹塑性分析和实际震害均表明,底部墙肢的损伤往往较上部墙肢严重,因此对底部墙肢的延性和耗能能力的要求较上部墙肢高。目前,高层建筑装配整体式剪力墙结构和部分框支剪力墙结构的预制剪力墙竖向钢筋连接接头面积百分率通常为100%，其抗震性能尚无实际震害经验，对其抗震性能的研究以构件试验为主，整体结构试验研究偏少，剪力墙墙肢的主要塑性发展区域采用现浇混凝土有利于保证结构整体抗震能力。因此，高层建筑剪力墙结构和部分框支剪力墙结构的底部加强部位的竖向构件宜采用现浇混凝土。

高层建筑装配整体式框架结构，首层的剪切变形远大于其他各层；震害表明，首层柱底出现塑性铰的框架结构，其倒塌的可能性大。试验研究表明，预制柱底的塑性铰与现浇柱底的塑性铰有一定的差别。在目前设计和施工经验尚不充分的情况下，高层建筑框架结构的首层柱宜采用现浇柱，以保证结构的抗地震倒塌能力。

当高层建筑装配整体式剪力墙结构和部分框支剪力墙结构的底部加强部位及框架结构首层柱采用预制混凝土时，应进行专门研究和论证，采取特别的加强措施，严格控制构件加工和现场施工质量。在研究和论证过程中，应重点提高连接接头性能、优化结构布置和构造措施，提高关键构件和部位的承载能力，尤其是柱底接缝与剪力墙水平接缝的承载能力，确保实现“强柱弱梁”的目标，并对大震作用下首层柱和剪力墙底部加强部位的塑性发展程度进行控制。必要时，应进行试验验证。

高层装配整体式结构的底部加强部位剪力墙和框架首层柱建议采用现浇混凝土，主要因为底部区域对整体结构的抗震性能影响较大。此外，公共建筑的底部区域往往由于建筑功能的需要，不太规则，不适合采用装配整体式结构。顶层屋盖采用现浇混凝土主要是为了保证结构的整体式。

6.1.9 部分框支剪力墙结构的框支层受力较大，且在地震作用下容易破坏，为加强整体性，建议框支层及相邻上层采用现浇混凝土。转换梁、转换柱是保证结构抗震性能的关键受力部位，且往往构件截面较大、配筋多，节点构造复杂，故不适合采用预制构件。

6.1.10 在装配整体式结构构件及节点的设计中，除对使用阶段进行验算外，还应重视施工阶段的验算，即短暂设计状态的验算。

6.1.11 装配整体式结构构件的承载力抗震调整系数均与现浇混凝土结构相同。

6.2 作用及作用组合

6.2.1 对装配整体式结构进行承载能力极限状态和正常使用极限状态验算时，荷载和地震作用的取值及其组合均应按国家、行业现行相关标准执行。

6.2.2 对装配整体式结构进行短暂设计状况下的施工验算，除应符合现行国家标准《混凝土结构工程施工规范》GB 50666 外，还应进行安装过程中的抗风分析和临时支撑系统安全性分析。

6.2.3 预制构件进行脱模时，受到的荷载包括自重、脱模起吊瞬间的动力效应以及脱模时模板与构件表面的吸附力。其中，动力效应采用构件自重标准值乘以动力系数计算；脱模吸附力是作用在构件表面的均布力，与构件表面和模具状况有关，根据经验一般不小于 1.5 kN/m^2。等效静力荷载标准值取构件自重标准值乘以动力系数与脱模吸附力之和。

6.3 结构分析

6.3.1、6.3.2 在预制构件之间及预制构件与现浇及后浇混凝土的接缝处，当受力钢筋采用安全可靠的连接方式且接缝采用后浇混凝土连接时，结构的整体性能与现浇结构相似，设计中可采用与现浇混凝土结构相同的方法进行结构分析，并根据本标准的相关规定对计算结果进行适当的调整。

对于采用预埋件焊接连接、螺栓连接等连接节点的装配整体式结构，应根据连接节点的类型，确定相应的计算模型，选取适当的方法进行结构分析。

对于本标准中未列入的节点及接缝构造，当有充足的试验依据表明其能够满足等同现浇的要求时，可按照连续的混凝土结构进行模拟，不考虑接缝对结构刚度的影响。所谓充足的试验依据，是指连接构造及采用此构造连接的构件，在常用参数（如构件尺寸、配筋率等）、各种受力状态下（如弯、剪、扭或复合受力、静力及地震作用）的受力性能均进行过试验研究，试验结果能够证明其与同样尺寸的现浇构件具有基本相同的承载力、刚度、变形能力、延性、耗能能力等方面的性能水平。对于干式连接节点，一般应根据其实际受力状况模拟为刚接、铰接或者半刚接节点。如梁、柱之间采用牛腿、企口搭接，其钢筋不连接时，则模拟为铰接节点；如梁柱之间采用后张预应力压紧连接或螺栓压紧连接，一般应模拟为半刚性节点。计算模型中应包含连接节点，并准确计算出节点内力，以进行节点连接件及预埋件的承载力复核。连接的实际刚度可通过试验或者有限元分析获得。

对于短暂设计状况下的施工验算，应采用符合实际施工状况的计算模型。

6.3.3 装配整体式结构的层间位移角限值与现浇结构相同。

6.3.4 叠合楼盖和现浇楼盖对梁刚度均有增大作用，无后浇层的装配式楼盖对梁刚度增大作用较小，设计中可以忽略。

6.4 预制构件设计

6.4.1 应注意包含预埋件在内的预制构件在短暂设计状况下的承载能力的验算，对预制构件在脱模、翻转、起吊、运输、堆放、安装等制备和施工过程中的安全性进行分析。

6.4.2 预制梁、柱构件由于节点区钢筋布置空间的需要，保护层往往较大。当保护层大于 50 mm 时，宜采取增设钢筋网片等措施，控制混凝土保护层的裂缝及在受力过程中的剥离脱落。

6.5 连接设计

6.5.1 后浇混凝土、灌浆料或坐浆材料与预制构件结合面的抗剪强度往往低于预制构件本身混凝土的抗剪强度。因此,预制构件的接缝一般都需要进行受剪承载力的计算。本条对各种接缝的受剪承载力提出了总的要求。

对于装配整体式结构的控制区域,应保证接缝的承载力设计值大于被连接构件的承载力设计值乘以接缝受剪承载力增大系数,接缝受剪承载力增大系数根据抗震等级、连接区域的重要性以及连接类型,参照美国规范 ACI 318 中的规定确定。同时,也要求接缝的承载力设计值大于设计内力,以保证接缝的安全。对于其他区域的接缝,可采用延性连接,允许连接部位产生塑性变形,但要求接缝的承载力设计值大于设计内力,以保证接缝的安全。

6.5.3 装配整体式框架结构中,框架柱的纵筋连接宜采用套筒灌浆连接(包括两端灌浆连接套筒和一端灌浆连接一端螺纹连接套筒),也可根据实际情况采用螺栓连接、基于 UHPC 搭接连接等;连接梁的水平钢筋连接可根据实际情况选用机械连接、焊接连接或者套筒灌浆连接。装配整体式剪力墙结构中,预制剪力墙竖向钢筋的连接可采用套筒灌浆连接、金属波纹管浆锚搭接连接、螺栓连接,水平分布筋的连接可采用焊接、搭接等。有可靠试验依据时,也可采用其他连接方式。

6.5.4 试验表明,预制梁端采用键槽的方式时,其受剪承载力一般大于粗糙面,且易于控制加工质量及检验。键槽构造宜符合图 5 的要求。键槽深度太小时,易发生承压破坏;当不会发生承压破坏时,增加键槽深度对增加受剪承载力没有明显帮助,键槽深度一般在 3 cm 左右。梁端键槽数量通常较少,一般为 1~3 个,可以通过公式较准确计算键槽的受剪承载力。对于预制墙板侧面,键槽数量很多，与粗糙面的工作机理类似，键槽深度及尺寸可较小。

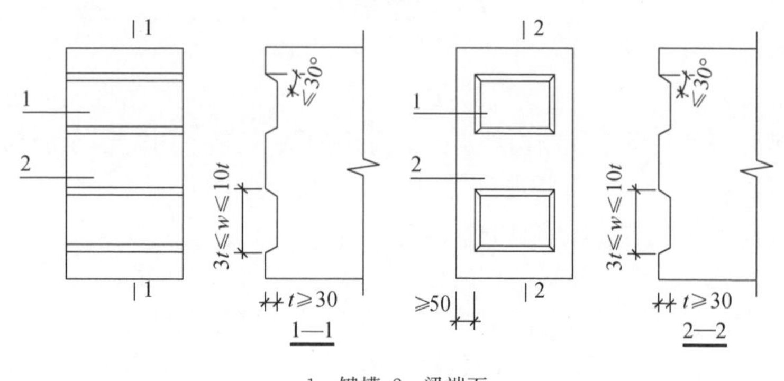

1—键槽；2—梁端面

图5　梁端键槽构造示意

6.5.5　预制构件纵向钢筋的锚固多采用锚固板的机械锚固方式，伸出构件的钢筋长度较短且不需弯折，便于构件加工及安装。

6.5.6　预制楼梯的最小搁置长度采用装配整体式剪力墙、装配整体式框架-现浇剪力墙（核心筒）结构时不小于75 mm，采用装配整体式框架结构时不小于100 mm。最小搁置长度尚应大于罕遇地震作用下的支承构件的水平位移，确保梯段不滑落。

6.6　楼盖设计

6.6.1　叠合楼盖有多种形式，包括预应力叠合楼盖、带肋叠合楼盖、箱式叠合楼盖等。本节主要对常规叠合楼盖的设计方法及构造要求进行了规定。其他形式的叠合楼盖的设计方法可参考行业现行相关规程。结构转换层、平面复杂或开洞较大的楼层、作为上部结构嵌固部位的地下室楼层对整体性及传递水平力的要求较高，宜采用现浇楼盖。

6.6.2　叠合板后浇层最小厚度的规定考虑了楼板整体性要求以及管线预埋、面筋铺设、施工误差等因素。预制板最小厚度的规定考虑了脱模、吊装、运输、施工等因素。

当板跨度较大时(一般大于 6 m),采用预应力混凝土预制板经济性较好。板厚大于 180 mm 时,为了减轻楼板自重,节约材料,推荐采用预应力混凝土空心楼板。

7 框架结构设计

7.1 一般规定

7.1.1～7.1.3 根据国内外多年的研究成果，在地震区的装配式整体式框架结构，当采取了可靠的节点连接方式和合理的构造措施后，其性能可等同于现浇混凝土框架结构，并采用和现浇结构相同的方法进行结构设计和分析。

7.1.4 套筒灌浆和螺栓连接分别在日本和欧美等发达国家应用普遍，我国也开展较为系统的试验研究，并形成较为完善的产品体系与技术规程。当结构层数较多时，柱的纵向钢筋采用套筒灌浆连接可保证结构的安全。对于低层框架结构，柱的纵向钢筋连接也可以采用一些相对简单及造价较低的方法。

7.1.5 试验研究表明，预制柱的水平接缝抗剪承载力受柱轴力影响较大。当柱受拉时，水平接缝的抗剪能力较差，易发生接缝的滑移错动。因此，应通过合理的结构布置，避免遭遇多遇地震时柱的水平接缝处出现全截面受拉的情况。

7.2 承载力计算

7.2.2 叠合梁端结合面主要包括框架梁与节点区的结合面、梁自身连接的结合面以及次梁与主梁的结合面等几种类型。结合面的受剪承载力的组成主要包括新旧混凝土结合面的粘结力、键槽的抗剪能力、后浇混凝土叠合层的抗剪能力、梁纵向钢筋的销栓抗剪作用等。

本标准不考虑混凝土的自然粘结作用是偏安全的。取混凝土抗剪键槽的受剪承载力、后浇层混凝土的受剪承载力、穿过结合面的钢筋的销栓抗剪作用之和作为结合面的抗剪面承载力。地震往复作用下，对后浇混凝土叠合层和混凝土键槽的受剪承载力进行折减，参照混凝土斜截面受剪承载力设计方法，折减系数取0.6。

研究表明，混凝土抗剪键槽的受剪承载力一般为0.15～$0.2f_cA_k$，但由于混凝土抗剪键槽的受剪承载力和钢筋的销栓抗剪作用一般不会同时达到最大值，因此在计算公式中，混凝土抗剪键槽的受剪承载力进行折减，取$0.1f_cA_k$。抗剪键槽的受剪承载力取各抗剪键槽根部受剪承载力之和；梁端抗剪键槽数量一般较少，沿高度方向一般不会超过3个，不考虑群键作用。抗剪键槽破坏时，可能沿现浇键槽或预制键槽的根部破坏，因此计算抗剪键槽受剪承载力时应按现浇键槽和预制键槽根部剪切面分别计算，并取二者的较小值。设计中，应尽量使现浇键槽和预制键槽根部剪切面面积相等。

钢筋销栓作用的受剪承载力计算公式主要参照日本的装配式框架设计规程中的规定，以及国内相关试验研究结果，同时考虑混凝土强度及钢筋强度的影响。

7.2.3 在本标准第7.2.2条的基础上，参照现行行业标准《型钢混凝土组合结构技术规程》JGJ 138，考虑了型钢部分的承载力。型钢部分对受剪承载力的贡献为型钢腹板部分的受剪承载力，其值与腹板强度、腹板含量有关。

7.2.4 在本标准第7.2.2条的基础上，参照现行国家标准《混凝土结构设计规范》GB 50010，考虑了预应力对接缝受剪承载力的贡献。预应力对接缝的受剪承载力起有利作用，主要因为预压应力能阻滞斜裂缝的出现和开展，增加了混凝土剪压区高度，从而提高了混凝土剪压区所承担的剪力。可在非预应力钢筋混凝土叠合梁端竖向接缝的抗剪承载力计算公式的基础上，加上一项施加预应力所提高的受剪承载力设计值$0.05N_{p0}$，且当超过$0.3f_cA_0$时，只取$0.3f_cA_0$，以达到限制的目的。

7.2.5 在本标准第7.2.2条的基础上，参照现行国家标准《混凝土结构设计规范》GB 50010，同时考虑了螺杆对接缝受剪承载力的贡献。在非预应力钢筋混凝土叠合梁端竖向接缝的抗剪承载力计算公式的基础上，加上一项螺杆的抗剪设计值。当采用设置牛腿的构造方案时，尚应考虑牛腿的抗剪作用。

7.2.6 预制柱底结合面的受剪承载力主要由新旧混凝土结合面的粘结力、粗糙面或键槽的抗剪能力、轴压产生的摩擦力、梁纵向钢筋的销栓抗剪作用或摩擦抗剪作用等组成，其中后二者为受剪承载力的主要组成部分。

在非抗震设计时，柱底剪力通常较小，不需要验算。在地震往复作用下，混凝土自然粘结及粗糙面的受剪承载力丧失较快，计算中不考虑。

当柱受压时，计算轴压产生的摩擦力时，柱底接缝灌浆层上、下表面接触的混凝土均有粗糙面及键槽构造，因此摩擦系数取0.8。钢筋销栓作用的受剪承载力计算公式与本标准第7.2.2条相同。当柱受拉时，没有轴压产生的摩擦力，且由于钢筋受拉，计算钢筋销栓作用时，需要根据钢筋中的拉应力结果对销栓受剪承载力进行折减。对于型钢混凝土预制柱，参照现行行业标准《型钢混凝土组合结构技术规程》JGJ 138，考虑了型钢部分的承载力，且只考虑型钢腹板部分的受剪承载力。

7.2.7 对于螺栓的抗剪作用，偏于安全，不考虑受拉侧螺栓的抗剪承载力。单个螺栓的抗剪承载力设计值可根据试验结果或现行产品标准确定或根据螺栓面积计算。

当柱受压时，考虑轴压产生的摩擦力。此时，柱底钢板和灌浆层之间有粗糙面，因此摩擦系数取0.2。虽然柱底并非全截面都为钢板，但偏于安全按全截面均为钢板计算摩擦力。

7.3 装配整体式钢筋混凝土框架结构构造设计

7.3.2 采用叠合梁时，在施工条件允许的情况下，箍筋宜采用闭口箍筋。当采用闭口箍筋无法安装上部纵筋时，可采用组合封闭箍筋，即开口箍筋加箍筋帽的形式。本条中规定箍筋帽可采用一端135°弯钩另一端90°弯钩的形式，也可采用两端90°弯钩的形式。由于对封闭组合箍的研究尚不够完善，因此在抗震等级为一、二级的叠合框架梁梁端加密区中不建议采用。

7.3.3 采用较大直径钢筋及较大的柱截面，可减少钢筋根数，增大间距，便于柱钢筋连接及节点区钢筋布置。套筒连接区域柱截面刚度及承载力较大，柱的塑性铰区可能会上移到套筒连接区域以上。因此，至少应在套筒连接区域以上500 mm高度范围内将柱箍筋加密。

7.3.4 钢筋采用套筒灌浆连接时，柱底接缝灌浆与套筒灌浆可同时进行，采用同样的灌浆料一次完成。预制柱底部应有键槽，且键槽的形式应考虑灌浆填缝时气体排出的问题，应采取可靠且经过实践检验的施工方法，保证柱底接缝灌浆的密实性。后浇节点上表面应设置粗糙面，增加与灌浆层的粘结力及摩擦系数。

7.3.5，7.3.6 在预制柱叠合梁框架节点中，梁钢筋在节点中锚固及连接方式是决定施工可行性以及节点受力性能的关键。梁、柱构件尽量采用较粗直径、较大间距的钢筋布置方式，节点区的主梁钢筋较少，有利于节点的装配施工，保证施工质量。设计过程中，应充分考虑施工装配的可行性，合理确定梁、柱截面尺寸及钢筋的数量、间距及位置等。在十字形节点中，两侧梁的钢筋在节点区内锚固时，位置可能冲突，可采用弯折避让的方式，弯折角度不宜大于1∶6。节点区施工时，应注意合理安排节点区箍筋、预制梁、梁上部钢筋的安装顺序，控制节点区箍筋的间距满足要求。

本标准编制组完成的试验研究表明，在保证构造措施与施工质量时，上述节点均具有良好的抗震性能，与现浇节点基本等同。节点核心区的受剪承载力计算可采用与现浇节点相同的计算公式。

7.3.7 在预制柱叠合梁框架节点中，如柱截面较小，梁下部纵向钢筋在节点区内连接较困难时，可在节点区外设置后浇梁段，并在后浇段内连接梁纵向钢筋。为保证梁端塑性铰区的性能，钢筋连接部位距离梁端需要超过1.5倍梁高。

7.3.8 当采用现浇柱与叠合梁组成的框架时，节点做法与预制柱、叠合梁的节点做法类似，节点区混凝土应与梁板后浇混凝土同时现浇，柱内受力钢筋的连接方式与常规的现浇混凝土结构相同。柱的钢筋布置灵活，对加工精度及施工的要求略低。同济大学等单位完成的低周反复荷载试验研究表明，该形式节点均具有良好的抗震性能，与现浇节点基本等同。

7.3.9 近年来，本标准编制组开展了一系列针对框架柱纵向钢筋螺栓连接的试验研究，结果表明，预埋螺栓连接器的形式或简化螺栓连接形式两种节点均具有良好的受力性能，可保证预制构件之间以及预制构件与现浇构件之间的可靠连接。本条主要基于上述试验研究成果，并参照国内外相关研究成果制定。

7.3.10 近年来，本标准编制组开展了一系列针对预制梁与预制柱采用螺栓连接的试验研究，结果表明，预埋螺栓连接器的形式或简化螺栓连接形式两种节点均具有良好的受力性能，可保证预制构件之间以及预制构件与现浇构件之间的可靠连接。本条主要基于上述试验研究成果，并参照国内外相关研究成果制定。

7.3.12 本标准编制组完成了一系列针对预制柱纵向钢筋采用基于UHPC搭接连接的框架柱、框架节点的抗震性能试验研究。结果表明，在满足搭接长度$15d$的情况下，节点连接具有良好的受力性能，可保证预制构件之间以及预制构件与现浇构件之间的可靠连接。本条主要基于上述试验研究成果制定。当存在可靠的试验数据时，钢筋的搭接长度可适当减小。

7.4 装配整体式预应力混凝土框架结构构造设计

7.4.1 对于先张法预应力叠合梁的装配整体式预应力框架结构，可同时按照本标准第7.3节的相关规定执行。

7.4.2 本条第1款参照现行行业标准《预应力混凝土结构抗震设计规程》JGJ 140制定。预应力混凝土梁的截面高度为1/12～1/22的计算跨度时比较经济。预应力叠合梁的截面高宽比过大容易引起梁侧向失稳，因此对梁截面高宽比提出要求。

本标准编制组完成的试验和理论研究以及国内外相关研究成果均表明，当预应力筋的无粘结范围取节点区与梁端部1倍梁高范围时，能够保证装配整体式预应力混凝土框架结构具有良好的抗震性能。

7.5 装配整体式型钢混凝土框架结构构造设计

7.5.2 为充分发挥装配整体式型钢混凝土框架结构快速拼装的特点，本标准建议叠合梁和预制柱中的型钢采用施工速度较快的螺栓连接构造。

本标准编制组完成的试验研究表明，叠合梁和预制柱的设置在距离柱边或楼面标高1倍截面高度位置处，既可保证良好的施工便利性，又可保证结构具有良好的抗震性能。

8 剪力墙结构设计

8.1 一般规定

8.1.2 预制剪力墙的接缝对其抗侧刚度有一定的削弱作用，应考虑对弹性计算的内力进行调整，适当放大现浇剪力墙在地震作用下的剪力和弯矩，预制剪力墙的剪力及弯矩不减小，偏于安全。

8.1.3 本条为对装配整体式剪力墙结构的规则性要求，在建筑方案设计中，应注意平面和立面的规则性。如某些楼层出现扭转不规则或侧向刚度及承载力不规则，宜采用现浇混凝土结构。

8.1.4 高层建筑中电梯井筒往往承受很大的地震剪力及倾覆力矩，采用现浇结构有利于保证结构的抗震性能。此外，楼梯间外墙一般两侧无楼板支撑，受力不利，也建议采用现浇结构。

8.1.5 短肢剪力墙的抗震性能较差，在高层建筑装配整体式剪力墙结构中应避免过多采用。

8.2 连接设计

8.2.1 确定剪力墙竖向接缝位置的主要原则是便于标准化生产、吊装、运输和就位，并尽量避免接缝对结构整体性能产生不良影响。

对于图 6 中位于墙肢端部的约束边缘构件，通常与墙板一起预制；纵横墙交接部位一般存在接缝，图 6 中阴影区域宜全部后浇，纵向钢筋主要配置在后浇段内，且在后浇段内应配置封闭箍筋及拉筋，预制墙板中的水平分布筋在后浇段内锚固。预制的约束边缘构件的配筋构造要求与现浇结构一致。

墙肢端部的构造边缘构件通常全部预制；当采用 L 形、T 形或者 U 形墙板时，拐角处的构造边缘构件也可全部在预制剪力墙中。当采用一字形构件时，纵横墙交接处的构造边缘构件可全部后浇；为满足构件的设计要求或施工方便，也可部分后浇部分预制。当构造边缘构件部分后浇部分预制时，需要合理布置预制构件及后浇段中的钢筋，使边缘构件内形成封闭箍筋。

8.2.2 封闭连续的后浇钢筋混凝土圈梁是保证结构整体性和稳定性，连接楼盖结构与预制剪力墙的关键构件。当采用叠合楼板和屋面板时，应在楼层收进及屋面处设置。

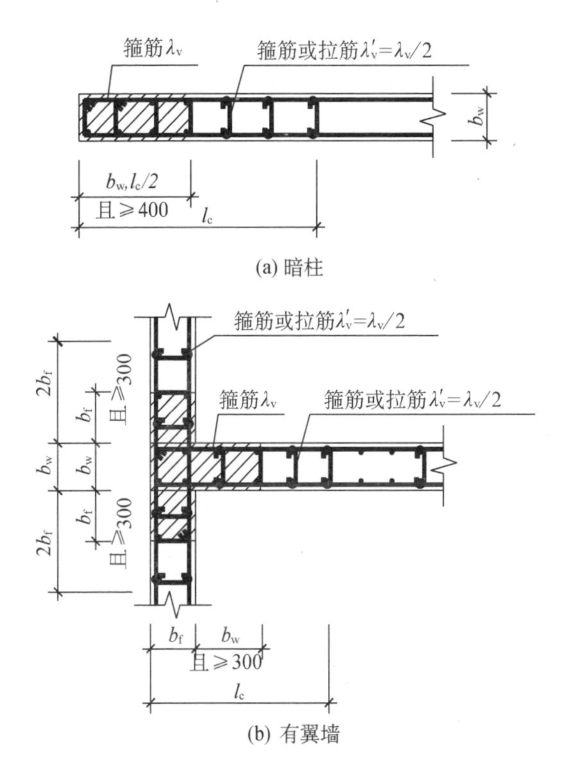

(a) 暗柱

(b) 有翼墙

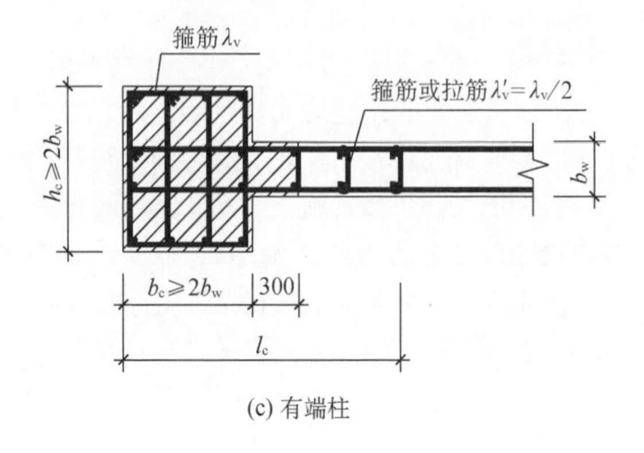

(c) 有端柱

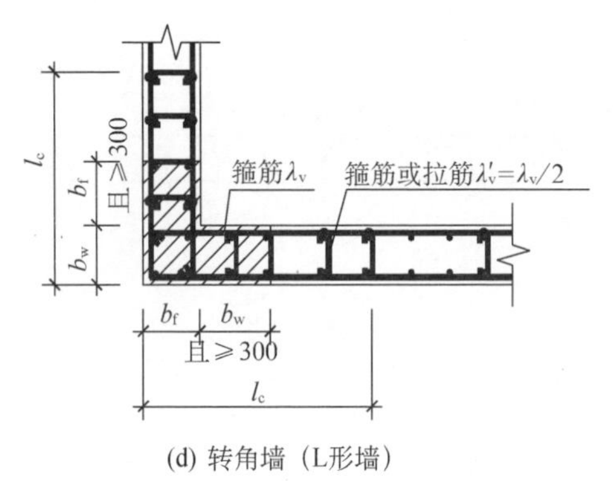

(d) 转角墙（L形墙）

图6　预制剪力墙的后浇混凝土约束边缘构件示意

8.2.3　在不设置圈梁的楼面处，水平后浇带及在其内设置的纵向钢筋也可起到保证结构整体性和稳定性、连接楼盖结构与预制剪力墙的作用。

8.2.4　预制剪力墙竖向钢筋一般采用套筒灌浆或浆锚搭接连接，在灌浆时宜采用灌浆料将水平接缝同时灌满。灌浆料强度较高且流动性好，有利于保证接缝承载力。灌浆时，预制剪力墙构件下表面与楼面之间的缝隙周围可采用封边砂浆进行封堵和分仓，以保证水平接缝中灌浆料填充饱满。

8.2.5　套筒灌浆连接方式在日本和欧美等发达国家应用普遍，我国也开展了较为系统的试验研究，并形成较为完善的产品体系与技术规程，可用于预制剪力墙边缘构件竖向钢筋的连接。为保证一字形预制剪力墙在平面内和平面外均具有良好的受力性能，其边缘构件竖向钢筋应逐根连接。当L形剪力墙短墙肢段净突出长度与长墙肢长度之比小于1/5时，长墙肢应满足一字形墙要求。

8.2.6 浆锚搭接连接在欧洲有多年的应用历史，并形成了较为完整的技术标准。近年来，本标准编制组开展了一系列针对金属波纹管浆锚搭接连接的试验研究，结果表明，该连接构造具有良好的受力性能，可保证预制构件之间以及预制构件与现浇构件之间的可靠连接。本条主要基于上述试验研究成果，并参照国内外相关研究成果制定。

8.2.7 螺栓连接在美国和欧洲应用普遍，并形成了较为完善的技术标准和产品体系。近年来，本标准编制组开展了一系列针对螺栓连接的试验研究，结果表明，设置暗梁形式和采用连接器构造均具有良好的受力性能，可保证预制构件之间以及预制构件与现浇构件之间的可靠连接。本条主要基于本标准编制组的试验研究成果，并参照国内外相关研究成果制定。该连接构造中采用的预埋连接器宜为满足设计要求的定型产品。

8.2.8 剪力墙的分布钢筋直径小且数量多，全部连接会导致施工繁琐且造价较高，连接接头数量太多对剪力墙的抗震性能也有不利影响。根据同济大学以及国内外相关研究成果，可在预制剪力墙中设置部分较粗的分布钢筋并在接缝处仅连接这部分钢筋，连接纵筋的数量应满足剪力墙的配筋率和受力要求。本标准编制组完成的研究成果表明，上、下层预制剪力墙的竖向分布钢筋可采用套筒灌浆连接、金属波纹管浆锚搭接连接和螺栓连接，连接钢筋或附加连接螺栓的抗拉承载力不宜小于被连接钢筋的1.1倍，且锚固长度应符合本条的相关规定。

8.2.10 参照现行国家标准《混凝土结构设计规范》GB 50010、现行行业标准《高层建筑混凝土结构技术规程》JGJ 3 以及国外规范[如美国规范 ACI 318M-08,欧洲规范 EN 1992-1-1,美国 PCI 手册(第 7 版)等],并在对大量试验数据进行分析的基础上,本标准给出了预制剪力墙水平接缝受剪承载力设计值的计算公式,公式与现行行业标准《高层建筑混凝土结构技术规程》JGJ 3 中对一级抗震等级剪力墙水平施工缝的抗剪验算公式相同,主要采用剪摩擦的原理,考虑了钢筋和轴力的共同作用。

进行预制剪力墙底部水平接缝受剪承载力计算时,计算单元的选取分以下三种情况:

1 不开洞或者开小洞口整体墙,作为一个计算单元。

2 小开口整体墙可作为一个计算单元,各墙肢联合抗剪。

3 开口较大的双肢及多肢墙,各墙肢作为单独的计算单元。

8.2.11 本条对带洞口预制剪力墙的预制连梁与后浇圈梁或水平后浇带组成的叠合连梁的构造进行了说明。当连梁剪跨比较小需要设置斜向钢筋时,一般采用全现浇连梁。

8.2.12 连梁端部钢筋锚固构造复杂,要尽量避免预制连梁在端部与预制剪力墙连接。

8.3 装配整体式混凝土剪力墙构造设计

8.3.2 可结合建筑功能和结构平立面布置的要求,根据构件的生产、运输和安装能力,确定预制构件的形状和大小。

8.3.3,8.3.4 墙板开洞的规定参照现行行业标准《高层建筑混凝土结构技术规程》JGJ 3 的要求制定。预制墙板的开洞应在工厂完成。

一、二、三级抗震等级剪力墙的底部加强部位不宜采用错洞墙;一、二、三级抗震等级的力墙均不宜采用叠合错洞墙。具有不规则洞口布置的错洞墙,可按弹性平面有限元方法进行应力分析,并按应力进行截面配筋设计或校核。l_a 为受拉钢筋最小锚固长度，l_{aE} 为受拉钢筋最小抗震锚固长度。

8.3.5 剪力墙底部竖向钢筋连接区域，裂缝较多且较为集中，因此，对该区域的水平分布筋应加强，以提高墙板的抗剪能力和变形能力，并使该区域的塑性铰可以充分发展，提高墙板的抗震性能。

8.3.6 对于中间分布钢筋区域预制墙板，应对其边缘配筋适当加强，形成边框，保证墙板在形成整体结构之前的刚度及承载力。

8.4 预应力叠合楼板装配整体式剪力墙构造设计

8.4.3 预应力空心叠合板板端应与竖向构件可靠连接，在搁置长度范围内空腔应用细石混凝土填实。拉锚钢筋一般设在空心板板缝中，需要时也可设在芯孔内，芯孔应预先开槽。

8.4.4 剪力墙的分布钢筋直径小且数量多，全部连接会导致施工繁琐且造价较高，连接接头数量太多对剪力墙的抗震性能也有不利影响。同济大学的研究成果表明，上、下层预制剪力墙的竖向分布钢筋可采用单排螺栓连接，附加连接螺栓应与剪力墙竖向分布钢筋等强配置，且锚固长度应符合本标准第 6.5 节的相关规定。

预应力空心板的支撑顶面应严格找平。在空心板底端部与下层剪力墙交界处应留有不小于 20 mm 的空隙，采用专用垫块调整预制墙板的标高及找平。预制板吊装到位后进行水平缝的塞缝工作。

用于构成叠合板的空心板顶面应有凹凸差不小于 4 mm 的人工粗糙面，以保证叠合面的抗剪强度。在浇筑叠合层混凝土之前，空心板顶面必须清扫干净并浇水充分湿润(冬季施工除外)，但不能积水，以保证两部分成为整体，施工时应十分注意。

微膨胀细石混凝土中掺入的外加剂在混凝土水化硬结过程中可起到补偿收缩的作用，从而达到防止表面开裂以保护钢筋的目的。

8.5 装配整体式夹心保温剪力墙构造设计

8.5.2 本标准编制组完成的一系列预制夹心保温剪力墙热工试验以及国内外相关试验结果均表明，抗剪连接件的热工性能对剪力墙的保温隔热性能影响较大。因此，本标准对抗剪连接件的热工性能作了规定。此外，抗剪连接件是保证预制夹心保温剪力墙内、外叶墙板可靠连接的关键部件，应具有可靠的力学性能。纤维增强复合材料筋（FRP）连接件和不锈钢连接件是目前国内外普遍采用的预制夹心保温剪力墙抗剪连接件。

8.5.3 本标准编制组完成的一系列预制夹心保温剪力墙及其连接件受力性能试验以及国内外相关试验结果均表明，抗剪连接件采用矩形或梅花形布置、间距 400 mm～600 mm、距墙体边缘 100 mm～200 mm 的构造可保证预制夹心保温剪力墙具有良好的受力性能。

8.5.5 为避免极限破坏时外叶墙板坠落，应在内、外叶墙板之间设置不少于 2 根钢筋或 2 片钢预埋件连接。钢筋的直径或钢预埋件的尺寸根据外叶墙板的自重并考虑一定动力系数计算确定。

8.5.6 装配整体式夹心剪力墙的外叶墙板厚度主要由建筑功能要求、连接件锚固构造要求以及墙体抗火性能要求等因素决定。根据本标准编制组完成预制夹心剪力墙及其 FRP 连接件的受力性能试验和抗火性能试验结果，并参照国内外现有研究成果，制定了本条关于采用 FRP 连接件的预制夹心剪力墙的构造规定。当采用不锈钢连接件时，其端部距墙板表面距离及外叶墙板厚度可适当减小。

8.5.7 连接件抗剪承载力随着保温层厚度的增加而降低。保温层厚度过小，则得不到理想保温效果；过大，则不能保证连接件抗剪承载力。

9 框架-剪力墙结构设计

9.1 一般规定

9.1.1～9.1.3 根据国内外多年的研究成果，在地震区的装配式整体式框架结构和装配整体式剪力墙结构，当采取了可靠的节点连接方式和合理的构造措施后，其性能可等同于现浇混凝土框架结构，并采用和现浇结构相同的方法进行结构设计和分析。

9.1.4 框架-剪力墙结构是框架和剪力墙共同承担竖向和水平作用的结构体系，适量的剪力墙是其基本特点。为了发挥框架-剪力墙结构的优势，无论是否抗震设计，均应设计成双向抗侧力体系，且结构在两个主轴方向的刚度和承载力不宜相差过大；抗震设计时，框架-剪力墙结构在结构两个主轴方向均应布置剪力墙，以体现多道防线的要求。

9.1.5 框架-剪力墙结构中，主体结构构件之间一般不宜采用铰接，但在某些具体情况下，比如采用铰接对主体结构构件受力有利时可以针对具体构件进行分析判定后，在局部位置采用铰接。

9.1.6 框架-剪力墙结构在水平地震作用下，框架部分计算所得的剪力一般都较小。按多道防线的概念设计要求，墙体是第一道防线，在设防地震、罕遇地震下先于框架破坏，由于塑性内力重分布，框架部分按侧向刚度分配的剪力会比多遇地震下加大，为保证作为第二道防线的框架具有一定的抗侧能力，需要对框架承担的剪力予以适当的调整。随着建筑形式的多样化，框架柱的数量沿竖向时会有较大的变化，框架柱的数量沿竖向有规律分段变化时可分段调整的规定，对框架柱数量沿竖向变化更复杂的情况，设计时应专门研究框架柱剪力的调整方法。

对有加强层的结构，框架承担的最大剪力不包括加强层及相邻上、下层的剪力。

美国规范 UBC 97 中提出，框架-剪力墙结构要有良好的延性，满足框架结构至少应承担设计剪力的 25%的要求。

9.2 连接与构造设计

9.2.1 剪力墙的特点是平面内刚度及承载力大，而平面外刚度及承载力都很小，故应注意剪力墙平面外受弯时的安全问题。当剪力墙与平面外方向的大梁连接时，会使墙肢平面外承受弯矩；当梁高大于约 2 倍墙厚时，刚性连接梁的梁端弯矩将使剪力墙平面外产生较大的弯矩，此时应采取措施，以保证剪力墙平面外的安全。

在楼面梁与剪力墙刚性连接的情况下，应采取措施增大墙肢抵抗平面外弯矩的能力。在措施中强调了对墙内暗柱或墙扶壁柱进行承载力的验算，增加了暗柱、扶壁柱竖向钢筋总配筋率的最低要求和箍筋配置要求，并强调了楼面梁水平钢筋伸入墙内的锚固要求，钢筋锚固长度应符合现行国家标准《混凝土结构设计规范》GB 50010 的相关规定。

此外，对截面较小的楼面梁，也可通过支座弯矩调幅或变截面梁实现梁端铰接或半刚接设计，以减小墙肢平面外弯矩。此时，应相应加大梁的跨中弯矩，同时也必须保证梁纵向钢筋在墙内的锚固要求。

本标准编制组对设置扶壁柱和设置暗柱的装配整体式混凝土梁-墙平面外节点开展了不同轴压比下（设计轴压比 0.2/0.5）抗震性能试验，试验结果表明，当采取了可靠的节点连接方式和合理的构造措施后，装配整体式混凝土梁-墙平面外节点的抗震性能可等同于现浇混凝土梁-墙平面外节点。

9.2.2 本标准编制组对装配整体式混凝土梁-墙平面内节点开展

了不同轴压比下(设计轴压比 0.2/0.5)抗震性能试验,试验结果表明,当采取了可靠的节点连接方式和合理的构造措施后,装配整体式混凝土梁-墙平面内节点的抗震性能可等同于现浇混凝土梁-墙平面内节点。

10 预制外挂墙板设计

10.1 一般规定

10.1.1 预制外墙包括多种保温构造形式。其中,夹心保温构造保温隔热效果、抗火性能和保温系统耐久性能好,可实现保温系统与主体结构同寿命。因此,建议装配整体式公共建筑的预制外墙采用夹心保温构造。

10.1.2 建议预制外挂墙板与主体结构采用柔性连接,即外挂墙板不参与结构整体受力。目前,工程中常用的柔性连接分为四点支承连接{包括上承式[图 7(a)]和下承式[图 7(b)]}和上边固定线支承下边两点支承连接[图 7(c)]两类,如图 7 所示。

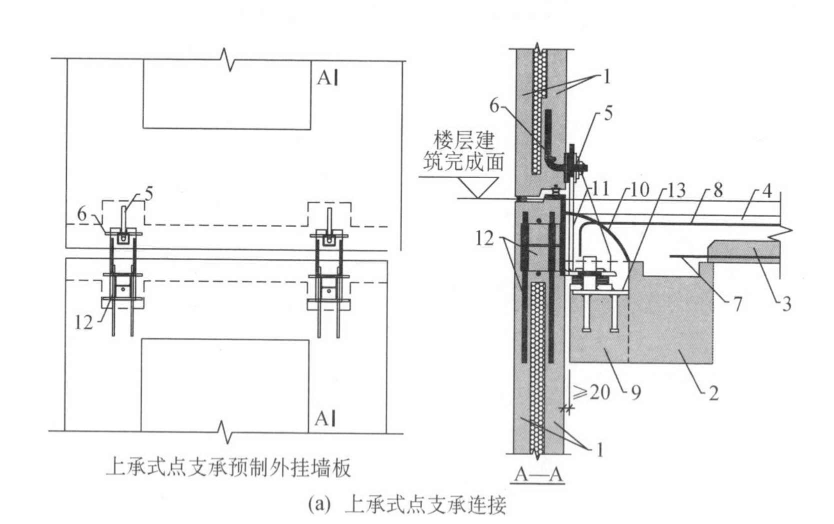

(a) 上承式点支承连接

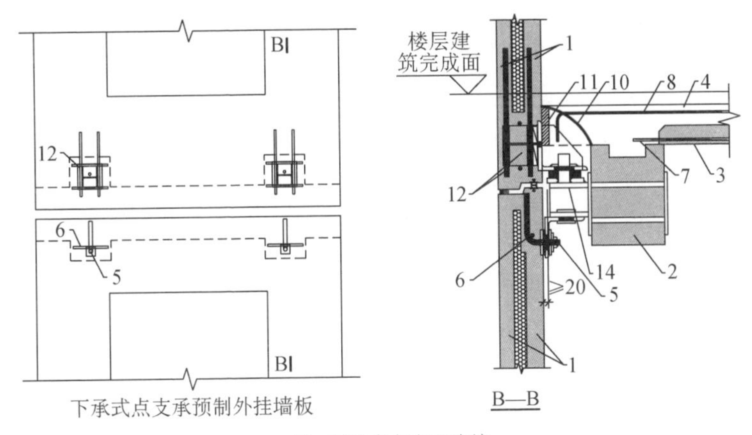

下承式点支承预制外挂墙板

B—B

(b) 下承式点支承连接

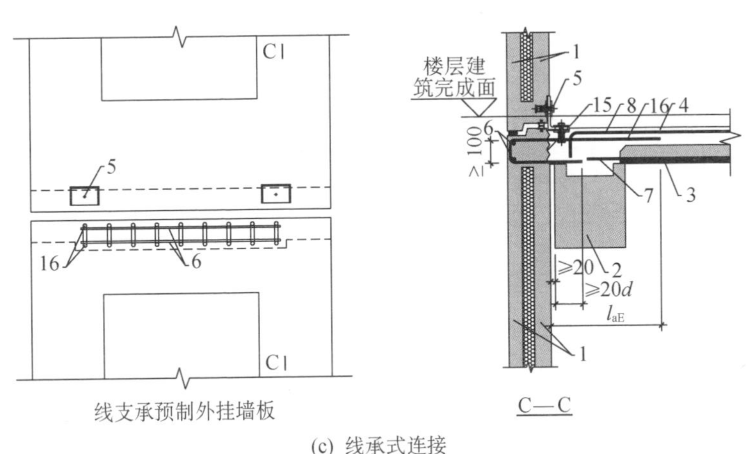

线支承预制外挂墙板

C—C

(c) 线承式连接

1—预制外挂墙板；2—叠合梁；3—板预制层；4—板现浇层；
5—限位连接件(水平可调量不小于 20 mm)；6—锚固加强构造钢筋；7—预制板受力钢筋；
8—现浇层受力钢筋；9—混凝土牛腿；10—弧形罩板；11—层间防火封堵；
12—夹心墙体端部预埋件；13—牛腿预埋件；14—钢牛腿；15—粗糙面；16—连接钢筋

图 7 预制外挂墙体与主体结构柔性连接构造示意

10.1.3 预制外墙与主体结构之间可以采用多种连接方法，应根据建筑类型、功能特点、施工吊装能力以及外墙的形状、尺寸以及主体结构层间位移量等特点，确定预制外墙的类型以及连接件的数量和位置。对预制外墙和连接节点进行设计计算时，所取用的计算简图应与实际连接构造相一致。

10.2 墙板设计

10.2.1 预制外墙是建筑物的外围护构件，主要承受自重、直接作用于其上的风荷载和地震作用，以及温度作用。

10.2.2，10.2.3 在预制外墙和连接节点上的作用与作用效应的计算，均应按照现行国家标准《建筑结构荷载规范》GB 50009 和《建筑抗震设计规范》GB 50011 的规定执行。同时应注意：

1 对外墙进行持久设计状况下的承载力验算时，外墙仅承受平面外的风荷载；当进行地震设计状况下的承载力验算时，除应计算外墙平面外水平地震作用效应外，尚应分别计算平面内水平和竖向地震作用效应，特别是对开有洞口的外挂墙板，更不能忽略后者。

2 承重节点应能承受重力荷载、外挂墙板平面外风荷载和地震作用、平面内的水平和竖向地震作用；非承重节点仅承受上述各种荷载与作用中除重力荷载外的各项荷载与作用。

3 在一定的条件下，旋转式外挂墙板可能产生重力荷载仅由一个承重节点承担的工况，应特别注意分析。

4 计算重力荷载效应值时，除应计入外挂墙板自重外，尚应计入依附于外挂墙板的其他部件和材料的自重。

5 计算风荷载效应标准值时，应分别计算风吸力和风压力在外挂墙板及其连接节点中引起的效应。

6 对重力荷载、风荷载和地震作用，均不应忽略由于各种荷载和作用对连接节点的偏心在外挂墙板中产生的效应。

7 外挂墙板和连接节点的截面和配筋设计应根据各种荷载和作用组合效应设计值中的最不利组合进行。

10.2.4,10.2.5 多遇地震作用下，外挂墙板构件应基本处于弹性工态,其地震作用可采用简化的等效静力方法计算。水平地震系数最大值取自现行国家标准《建筑抗震设计规范》GB 50011 的规定。

地震中外挂墙板振动频率高,容易受到放大的地震作用。为使设防烈度下外挂墙板不产生破损,降低其脱落后的伤人事故，多遇地震作用计算时考虑动力放大系数。按照现行国家标准《建筑抗震设计规范》GB 50011 中有关非结构构件的地震作用计算规定,外挂墙板结构的地震作用动力放大系数可表示为

$$\beta_{E}=\gamma\eta\varepsilon_{1}\varepsilon_{2} \tag{1}$$

式中： γ——非结构构件功能系数,可取 1.4；

η——非结构构件类别系数,可取 0.9；

ε_{1}——体系或构件的状态系数,可取 2.0；

ε_{2}——位置系数,可取 2.0。

按照式(1)计算,外挂墙板结构地震作用动力放大系数约为 5.0。该系数适用于外挂墙板的地震作用计算。

相较于传统的幕墙系统,预制混凝土外挂墙板的自重较大。外挂墙板与主体结构的连接往往超静定次数低,也缺乏良好的耗能机制,其破坏模式通常属于脆性破坏。连接破坏一旦发生,会造成外挂墙板整体坠落,产生十分严重的后果。因此,需要对连接节点承载力进行必要的提高。对于地震作用来说,在多遇地震作用计算的基础上将作用效应放大 2.0,接近“中震弹性”的要求。

10.3 连接件设计

10.3.2 本标准编制组完成的一系列预制夹心保温外墙热工试验以及国内外相关试验结果均表明,抗剪连接件的热工性能对外

墙的保温隔热性能影响较大。因此，本标准对抗剪连接件的热工性能作了规定。此外，抗剪连接件是保证预制夹心保温外墙内、外叶墙板可靠连接的关键部件，应具有可靠的力学性能。纤维增强复合材料筋（FRP）连接件和不锈钢连接件是目前国内外普遍采用的预制夹心保温外墙抗剪连接件。

10.3.3 本标准编制组完成的一系列预制夹心保温外墙及其连接件受力性能试验以及国内外相关试验结果均表明，抗剪连接件采用矩形或梅花形布置、间距 400 mm～600 mm、距墙体边缘 100 mm～200 mm 的构造可保证预制夹心保温外墙具有良好的受力性能。

10.3.4，10.3.5 片状和棒状 FRP 连接件以及棒状和桁架式不锈钢连接件是目前国内外应用较为普遍的连接件类型。连接件的抗拔承载力和抗剪承载力与连接件的锚固构造、连接件的横截面形式、墙板混凝土强度、连接件材料力学性能等因素有关，难以采用统一的方法计算。因此，本标准建议通过试验确定。此外，FRP 连接件处于混凝土碱环境中，且处于长期应力状态，根据国内外 FRP 材料物理力学性能研究成果并参照现行国家标准《纤维增强复合材料建设工程应用技术规范》GB 50608，建议 FRP 连接件的承载力应在试验基础上考虑环境影响和蠕变断裂的影响。

10.4 构造要求

10.4.1 根据我国国情，主要是我国吊车的起重能力、卡车的运输能力、施工单位的施工水平以及连接节点构造的成熟程度，目前还不宜将构件做得过大。构件尺度过长或过高，如跨越两个层高后，主体结构层间位移对预制外墙内力的影响较大，有时甚至需要考虑构件的 $P-\Delta$ 效应。由于目前相关试验研究工作做得还比较少，本章内容仅限于跨越一个层高、一个开间的外挂墙板。

为避免极限破坏时外叶墙板坠落，应在内、外叶墙板之间设置不少于 2 根钢筋或 2 片钢预埋件连接。连接钢筋的直径和钢预埋件尺寸根据外叶墙板的自重并考虑一定动力系数计算确定。

10.4.2 预制夹心保温外墙的内、外叶墙板厚度主要由建筑功能要求、连接件锚固构造要求以及墙体抗火性能要求等因素决定。根据本标准编制组完成预制夹心保温外墙及其连接件的受力性能试验和抗火性能试验结果,并参照国内外现有研究成果,制定了本条关于采用 FRP 连接件的预制夹心保温外墙的构造规定。当采用不锈钢连接件时,其端部距墙板表面距离及外叶墙板厚度可适当减小。

10.4.4 预制外墙板缝中的密封材料,处于复杂的受力状态中,由于目前相关试验研究工作做得还比较少,本标准尚未提出定量的计算方法。设计时,应注重满足其各种功能要求。板缝不应过宽,以减少密封胶的用量,降低造价。